散歩が楽しくなる

雑草手帳

稲垣栄洋 著

東京書籍

まえがき

スミレやタンポポは誰でも知っているかもしれないが、その花をじっくりと観察したことがある人は少ないだろう。また、スミレやタンポポの生き方に思いを馳せる人はもっと少ないだろう。

雑草は、植物図鑑を引きながら名前を調べてみるのも良いが、雑草の生き方をのぞき見てみるのもまた面白い。

あるものは雑草の中に踏みつけられながら、あるものは行きかうトラックの風圧に耐えながらも、小さな花を咲かせている。また、あるものはコンクリートのわずかな隙間に根を張り、あるものはちゃっかりパンジーの植わったプランターに間借りして、たくましく生きているのである。そんな様子を眺めていると、何だか我が身を見るようで身につまされたり、逆境を生きる彼らに勇気をもらったりする。

植物観察というと、植物の名前もわからないし、見分けもつかないからと敬遠してしまう方も多いが、名前はわからなくても「雑草が生きている姿」を眺めてみるのは悪くない。植物の生き方は私たちが思っているよりも、ダイナミックでドラマチックなのである。

本書は図鑑ではなく、手帳である。そのため、「よく似た雑草の種類を見分ける」ということよりも、「よく見かける雑草の物語」を紹介することに重きを置いた。「植物を見ながら名前を調べる」という図鑑としての使い方よりも、「こんな雑草があるのか」と雑草たちの物語を楽しんでみてほしい。

そして、通勤途中や、昼休みに気になる雑草を見かけたら、ポケットから取り出して雑草の物語を読み返してほしい。あるいは、雑草手帳を眺めていて気に入った雑草が見つかったとしたら、「その雑草を探してみる」という逆の使い方をしてみても面白いと思う。

稲垣　栄洋

もくじ

スミレ

ナズナ

ハルジオン

ツメクサ

ヘラオオバコ

ワルナスビ

コバンソウ

ヘクソカズラ

ガマ

ショカッサイ

クズ

ススキ

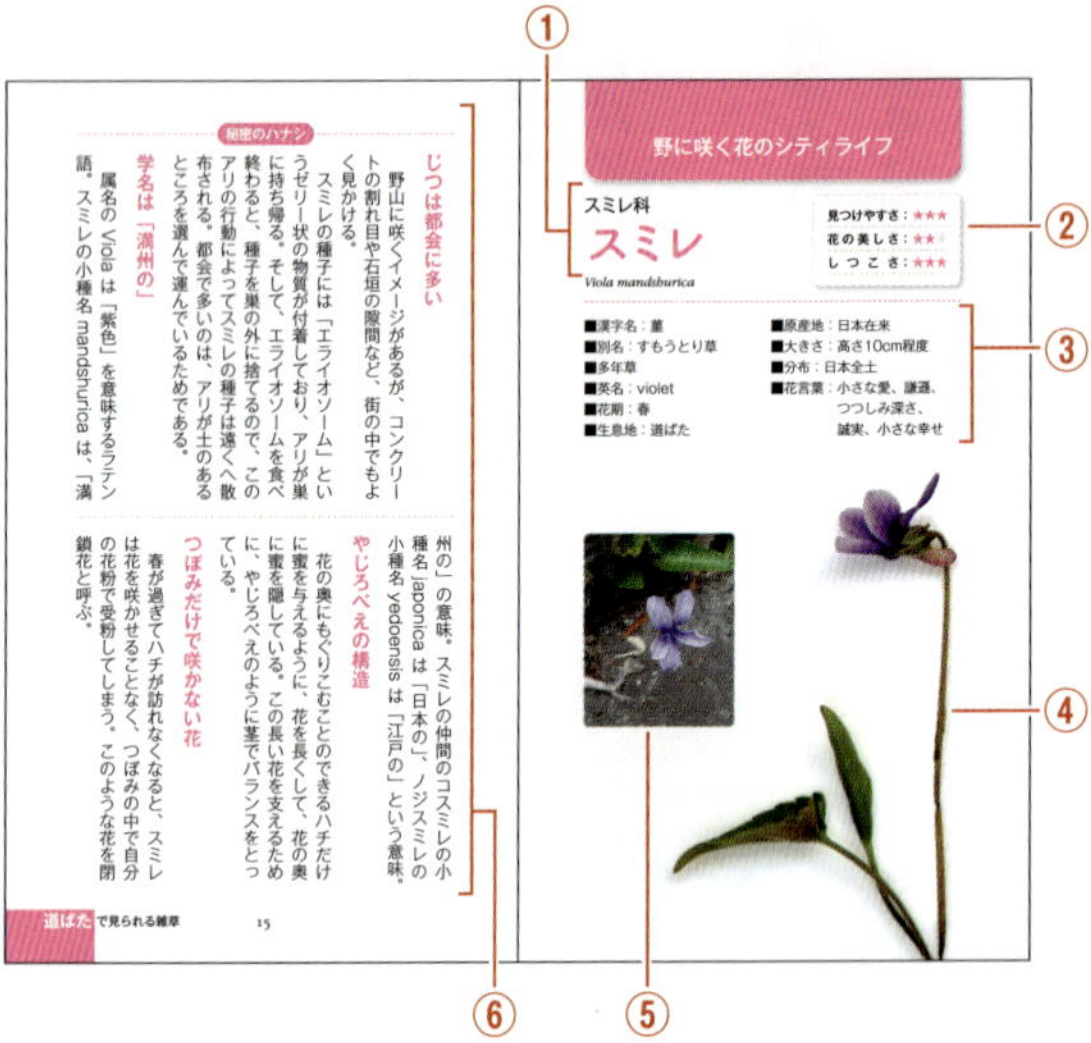

本書の使い方

本書はよく見かける場所ごとに章分けしています。それぞれの章は、春から季節の順番で並べています。

① 上から順に、雑草の科名、名前、学名を記しています（詳しくは次ページ参照）。

② 「見つけやすさ」「花の美しさ」「しつこさ」をそれぞれ三段階で評価しています。

③ 雑草に関する主な情報です（詳しくは次ページ参照）。

④ 雑草の標本の写真です。

⑤ 屋外で撮影された雑草の写真です。花の写真を多く掲載しています。標本の写真と違う場合があります。

⑥ その雑草の雑学について、詳しく説明しています。これを読めば、より散歩が楽しくなるでしょう。

図鑑の情報の見方

■科の分類

近年、DNAの塩基配列に基づいてAPG体系という新たな分類が行なわれています。本書の学名や科名はAPG体系に基づきました。

■学名

本来、学名は一つの植物種に対して一つ与えられるものです。ただし、学名が変更した場合や、学問的に明確に定まっていない場合は、カッコ書きで、複数の学名を記載しました。

■見つけやすさ・花の美しさ・しつこさ

三段階で示しました。見つけやすさは都会の環境と郊外の田園を目安としています。種類によって都会に見られるが田園で見つけにくいものや、田園に見られるが都会では見つけにくいものがあります。雑草は小さな花を咲かせるものが多いため、花の美しさはよく見たときの美しさです。しつこさは雑草として問題にならないものについても、雑草としての繁殖能力が高く、駆除のしにくいものは高く評価しました。

■花期

おおよその花の咲いている時季。雑草は、環境によって季節にかかわらず臨機応変に花を咲かせて種をつけるものが多いため、春の雑草が秋に花を咲かせることも少なくありません。また、地域の気候によっても異なります。

■生息地

よく見られる場所を示しました。雑草は生えている環境はおおよそ決まっていますが、環境に適応して幅広い生息地に生えている例もあります。

■原産地

原産地は主に江戸時代以降に外国から帰化した外来種の原産地。雑草の中には古い時代に大陸から渡ってきたとされる史前帰化植物も多いですが、それらは在来種に含めました。史前帰化が明らかなものについては原産地をカッコ書きで示しました。

■大きさ

おおよその大きさを示しました。雑草は、環境によって大きさが変化するため、必ずしもこのとおりではありません。

第1章 道ばたの雑草

道ばたというのは、もっとも雑草の生えやすい場所である。都会に雑草はないというが、大都会の通り道でも雑草が生えている。

しかし、何気なく生えている道ばたの草も、どんな種類でも生えることができるというわけではない。また、道ばたの環境によっても生える種類は異なる。たとえば人がよく通る場所に生える雑草は、踏まれに強いものが多いし、車が行き交う道路のアスファルトの隙間には、乾燥に強いものが生える。意外に過酷な環境なのだ。

ただし、雑草は過酷な環境に耐えているだけではない。都会の歩道の脇に生えている雑草は、踏まれることによって靴の裏に種をくっつけて広がっていくものも多いし、車道の隅では、車の風圧で種子を飛ばすものも見られる。

道ばたの雑草観察に適しているのは、街路樹の植えマス。多くの種類の雑草が見られるが、生えている種類が植えマスごとに違って面白い。

スミレ科

スミレ

Viola mandshurica

見つけやすさ：★★★
花の美しさ：★★☆
しつこさ：★★★

■漢字名：菫
■別名：すもうとり草
■多年草
■英名：violet
■花期：春
■生息地：道ばた

■原産地：日本在来
■大きさ：高さ10cm程度
■分布：日本全土
■花言葉：小さな愛、謙遜、つつしみ深さ、誠実、小さな幸せ

じつは都会に多い

野山に咲くイメージがあるが、コンクリートの割れ目や石垣の隙間など、街の中でもよく見かける。

スミレの種子には「エライオソーム」というゼリー状の物質が付着しており、アリが巣に持ち帰る。そして、エライオソームを食べ終わると、種子を巣の外に捨てるので、このアリの行動によってスミレの種子は遠くへ散布される。都会で多いのは、アリが土のあるところを選んで運んでいるためである。

学名は「満州の」

属名の Viola は「紫色」を意味するラテン語。スミレの種小名 mandshurica は、「満州の」の意味。スミレの仲間のコスミレの種小名 japonica は「日本の」、ノジスミレの種小名 yedoensis は「江戸の」という意味。

やじろべえの構造

花の奥にもぐりこむことのできるハチだけに蜜を与えるように、花を長くして、花の奥に蜜を隠している。この長い花を支えるために、やじろべえのように茎でバランスをとっている。

つぼみだけで咲かない花

春が過ぎてハチが訪れなくなると、スミレは花を咲かせることなく、つぼみの中で自分の花粉で受粉してしまう。このような花を閉鎖花と呼ぶ。

踏まれて生きる春のスター

ナデシコ科

ハコベ

Stellaria neglecta (S. media)

見つけやすさ	★★★
花の美しさ	★★☆
しつこさ	★★★

■漢字名：繁縷
■別名：ひよこ草、すずめ草、朝しらげ、日出草
■一年草、越年草
■英名：chikweed（ニワトリの雑草）
■花期：春～秋
■生息地：道ばた、畑
■原産地：日本在来
■大きさ：高さ10～30cm程度
■分布：日本全土
■花言葉：愛らしい、ランデブー、
追想、初恋の思い出

＊写真は都会で多く
見られるコハコベ

学名はスター

学名のステラリアは、星（スター）に由来する。ハコベの白く小さな花を星に見立てたのである。豪華絢爛な花がたくさんある中で、野に咲くこの小さな花をスターと名付けた古人のセンスには感心させられる。

花びらはなぜ五枚？

花びらを数えてみると十枚あるように見える。しかし、実際にはその半分の五枚しかない。これは一枚の花びらが根元でウサギの耳のように二つに分かれて、あたかも二枚あるかのように見せているためである。こうして、花を目立たせて昆虫を呼び寄せている。

昔は歯磨き粉に

「せり　なづな　ごぎょう　はこべら　ほとけのざ　すずな　すずしろ　これぞ七草」で詠われる春の七草の「はこべら」はハコベのこと。やわらかな葉っぱはおいしく食べられる。別名の「ひよこ草」は、ヒヨコが喜んで食べることから。薬効もあり、はこべの粉末に塩を混ぜたはこべ塩は、昔は歯磨き粉として使われた。

踏まれて種子が運ばれる

野の草のイメージが強いハコベだが、都会の道ばたにも多い。種子の表面には突起があり、靴底の裏の土にくっつく。こうして、踏まれることによって種子が運ばれていく。

かわいそうな名前と
紹介される奇跡の花

オオバコ科

オオイヌノフグリ

Veronica persica

見つけやすさ：★★★
花の美しさ：★★★
しつこさ：★★☆

■漢字名：大犬の陰嚢
■別名：瑠璃唐草、瑠璃鍬形、天人唐草、星の瞳
■越年草
■英名：Persian speedwell、commonfield speedwell、
large field speedwell
(speedwellは「さよなら」の意)、
bird's-eye（鳥の目）、cat's-eye（猫の瞳）
■花期：早春
■生息地：道ばた
■原産地：ヨーロッパ
■大きさ：高さ20cm程度
■分布：日本全土
■花言葉：春の喜び、
信頼、神聖、
清らか

かわいそうな名前

植物図鑑に必ずと言っていいほど、「かわいそうな名前」と紹介されている。この名前は「大犬のふぐり」。ふぐりとは陰嚢《いんのう》のことである。実の形がそれに似ていることから名付けられた。方言名では、そのものズバリ、「イヌノキンタマ」と呼ぶ地方も。名前が猥褻《わいせつ》だとされ、「瑠璃唐草《るりからくさ》」や「天人唐草《てんにん》」などとも提案されたが、結局、定着しなかった。

ヨーロッパ原産の帰化植物

オオイヌノフグリは、明治時代に日本に渡来したヨーロッパ原産の帰化植物。日本には在来のイヌノフグリという近縁種がある。イヌノフグリは、実が丸く、だらんとしていて、まさに「犬のふぐり」。これに対してオオイヌノフグリの実は、やや尖っている。

聖なる奇跡の花

属名は「ベロニカ」。重い十字架を背負ってゴルゴダの丘へ連行されるキリストの顔の汗を拭いてあげた女性のハンカチに、キリストの顔が浮かび上がるという奇跡が起きた。この女性の名がベロニカである。オオイヌノフグリの花には、キリストらしい人の顔が見える。これがベロニカと呼ばれる由縁である。

花の模様はガイドマーク

花びらに見られる線は、蜜が花の中央にあることをハチに示すサイン。花は不安定で揺れやすいので、ハチの体に花粉がつきやすい。

「春の七草」と勘違いされる
魅惑の唇

シソ科

ホトケノザ

Lamium amplexicaule

見つけやすさ：★★★
花の美しさ：★★☆
しつこさ：★★★

■漢字名：仏の座
■別名：三階草
■越年草
■英名：henbit、common henbit、giraffehead、
henbit deadnettle.
■花期：春～初夏
■生息地：道ばた、畑
■原産地：日本在来
■大きさ：高さ10～30cm程度
■分布：北海道を除く日本全土
■花言葉：調和、輝く心

春の七草は別種

「せり　なずな　ごぎょう　はこべら　ほとけのざ　すずな　すずしろ　これぞ七草」と詠われる「ほとけのざ」は別種で、キク科のコオニタビラコ（35ページ）のこと。コオニタビラコは丸く広げた葉が仏の蓮座にたとえられた。一方、ホトケノザの名前は花のまわりの葉を蓮座に見立てたもの。シソ科で苦味があり、おいしくない。

コオニタビラコ

唇のような花

花の形が変わっていて、鳥のひなが口を開けて餌をねだっているように見える。これが上唇と下唇を開いた口のような形をしていることから唇形花《しんけいか》と呼ばれる。下の花びらの模様は、訪れるハチに着陸場所を示すためのもの。そして、上の花びらにある線は、蜜がある花の奥へとハチを誘導するためのもの。ホトケノザの花は細長い花の一番奥に蜜を隠し、花粉を運んでくれるハチだけに蜜を与えるように工夫されている。花の奥にたっぷりの蜜をたくわえているので、花を抜き取って基部をなめると甘い。学校帰りに道草を食う子どもたちのおやつにもなる。

夏には咲かない

暑くなりハチの活動が鈍ると、花を咲かせずに、白いつぼみのままで自家受粉する。こうしてハチが来なくても確実に子孫を残す。

ペンペン草で親しまれる 愛らしい雑草

アブラナ科

ナズナ

Capsella bursa-pastoris

見つけやすさ：★★★
花の美しさ：★★☆
しつこさ：★★★

■漢字名：薺
■別名：ぺんぺん草、三味線草、貧乏草
■越年草
■英名：shepherd's purse（羊飼いの財布）
■花期：春～初夏
■生息地：道ばた、畑
■原産地：日本在来
■大きさ：高さ10～50cm程度
■分布：日本全土
■花言葉：すべてを捧げます

別名はぺんぺん草

三角形の実の形が三味線のバチに似ていることから、三味線の音にちなんでぺんぺん草と呼ばれている。実の形を財布に見立てて、英名は「羊飼いの財布」。

屋根にぺんぺん草は生えない

家が落ちぶれると「屋根にぺんぺん草が生える」と言われるが、実際にはナズナの種子は風で舞い上がったり、鳥に運ばれたりすることはないので、屋根の高さまで飛ぶことができない。傷んだかやぶき屋根に生えたのは、風に乗せて綿毛で種を飛ばすことができるホウキギクなどキク科の雑草。ただ、庭や畑を放っておくとすぐに繁茂するので「貧乏草」の別名がある。

春の七草の代表

ナズナの名は「愛でる菜」の意味の「撫で菜」に由来するとされる。「菜」と言うくらいなので食べられる。「七草なずな」と言われるように、春の七草の代表。

傷ついて甘くなる

七草粥は香りの良いセリの印象が強いが、もっとも味が良いのはナズナだと言われる。とくに、葉の切れ込みが深いものほど味が良いという。寒さにあった葉は深く切れ込んでしまうが、寒さに耐えた葉ほど甘味が増しておいしくなるからである。

アブラナ科

タネツケバナ

Cardamine scutata (C. hirsute)

見つけやすさ：★★☆
花の美しさ：★★☆
しつこさ：★★☆

■漢字名：種漬け花
■別名：田芥子
■越年草
■英名：bitter cress
■花期：春
■生息地：水辺（道ばた）
■原産地：日本在来（ヨーロッパ原産）
■大きさ：高さ10～30cm程度
■分布：日本全土
■花言葉：父の失策、勝利、不屈の心、情熱、熱意、燃える思い

＊写真はタネツケバナの仲間のうち都会で良く見られるミチタネツケバナ。カッコ内も

ナズナに似た花

ナズナ（22ページ）に似ているが、ナズナは実の形が三角形をしているのに対して、タネツケバナは細長い莢《さや》状なので区別できる。種が熟すと、バチバチと弾けて種を飛ばす。

都会に見られる外来種

本来、田んぼのまわりなどの湿った場所に見られる。最近、都会の道ばたなどで群生しているように見えるが、これは、ミチタネツケバナというヨーロッパ原産の外来種。乾燥に強いことから、各地に広がっている。

ミチタネツケバナは実が、横に広がらずに茎に沿って上を向いている点で区別できる。

「種漬け花」

種をたくさん付けるので、「種付け花」だと思われがちだが、漢字では「種漬け花」。これは、イネの種籾《たねもみ》を水に漬けて種まきの準備をする時期に花を咲かせることに由来している。昔は、タネツケバナの花を農作業の始まりの目安としていた。春を告げる花である。

ピリッと辛い

タネツケバナは、別名を田芥子《たがらし》という。田んぼのカラシの名のとおり、葉をかじると、ピリッとした辛味がある。英名の「ビタークレス」も「苦味のあるカラシ」という意味。茎や葉を摘み取ってサラダや和え物にすると、なかなかおいしい。

ナズナに良く似た黄色い花

アブラナ科

イヌガラシ

Rorippa indica

見つけやすさ：★★★
花の美しさ：★★★
しつこさ：★★★

■漢字名：犬芥子
■一年草、多年草
■英名：Indian yellow cress、variableleaf yellowcress
■花期：春
■生息地：道ばた、田んぼの畦
■原産地：日本在来
■分布：日本全国
■大きさ：10～50cm
■花言葉：品格、恋の邪魔者

ナズナに似た花

ナズナに似ているが、黄色い花を咲かせる。田んぼの畦など、湿った場所に多いが、都会の道ばたや公園などでも、やや湿った場所によく見られる。イヌガラシの仲間にはスカシタゴボウがある。

イヌガラシ

イヌガラシは「犬芥子」である。「犬」とつく植物は、役に立つ植物に似ている野草に多く、「役に立たない」という意味がある。ヒエに対してイヌビエ（158ページ）、ヒユに対してイヌビユ（84ページ）、ホオズキに対してイヌホオズキ（100ページ）、タデに対してイヌタデ（156ページ）など多い。イヌガラシは、からし菜に似ていることから名付けられた。

スカシタゴボウ

スカシタゴボウは漢字では「透田牛蒡」と書く。ゴボウのように長い根を持つことが田牛蒡の由来だが、「透かし」の由来は不明。イヌガラシに比べて葉がさけているので、葉の間から田んぼが透けて見えるためという説もある。

イヌガラシとスカシタゴボウの違い

イヌガラシとスカシタゴボウは、実の形を見れば一目瞭然。イヌガラシは、実が細長いのに対して、スカシタゴボウは太くて丸い。

胡瓜の香りがする？

ムラサキ科

キュウリグサ

Trigonotis peduncularis

見つけやすさ：★★★
花の美しさ：★★★
しつこさ：★★★

■漢字名：胡瓜草
■別名：たびらこ、胡瓜菜
■越年草
■英名：cucumber herb
■花期：春～初夏
■生息地：道ばた、空き地
■原産地：日本在来
■大きさ：高さ10～30cm程度
■分布：日本全土
■花言葉：愛する人への真実の愛、小さくても夢は大きい

キュウリの香りがする

名前の由来は、葉を揉むとキュウリの匂いがすることから。

もともとはタビラコ（田平子）と呼ばれていたが、キク科のコオニタビラコもタビラコと呼ばれていることから、区別するためにキュウリグサと名付けられた。

ワスレナグサの仲間

キュウリグサはムラサキ科の植物で、ワスレナグサの仲間。花は二、三ミリとごく小さいが、青紫色をした小さな花をよく見ると、ワスレナグサに良く似た可憐な花である。

ちなみに、ワスレナグサは「忘れな草」で、英名のforget-me-notを訳したもの。恋人のために花を摘んでいた騎士が川に落ちたとき、摘んだ花を恋人に投げて、「私を忘れないで」と叫んだというドイツの逸話に由来している。

ハナイバナとの区別点

よく似た仲間に、ハナイバナがある。キュウリグサは長く伸びた茎に花が次々に咲くのに対して、ハナイバナは葉と葉の間に花が咲くのが特徴。ハナイバナは「葉内花」に由来している。

また、キュウリグサは青紫色の花の中心が黄色いのに対して、ハナイバナは花の中心部が白い点でも区別できる。

母と子の温かさで誰からも愛される

キク科

ハハコグサ

Gnaphalium affine

見つけやすさ：	★★☆
花の美しさ：	★★☆
しつこさ：	★★☆

■漢字名：母子草
■別名：ごぎょう、おぎょう、もちよもぎ、もち草、黄花草、しりつまり草、殿様よもぎ、カラスのお灸、乳草
■一年草、越年草
■英名：jersey cudweed
■花期：春から初夏
■生息地：道ばた、畑
■原産地：日本在来
■大きさ：高さ10～35cm程度
■分布：日本全土
■花言葉：いつも思う、優しい人、永遠の想い、温かい気持ち、無償の愛

桃の節句のもち草

葉がやわらかな白い毛で覆われているのが特徴。この毛が餅にからみついて粘りを出すので、葉をつなぎとして、古くは、桃の節句に「母子餅」が作られた。しかし、母子を杵で衝くのは縁起が悪いとされ、いつしか草餅の材料はヨモギ（46ページ）にとって代わられた。

春の七草の「御形」

「せり　なずな　ごぎょう　はこべら　ほとけのざ　すずな　すずしろ　これぞ七草」

春の七草の中で「ごぎょう」と詠われているのが、ハハコグサ。「ごぎょう」と呼ばれるのは、厄除けのために人形（御形）を川に流した、雛祭りの古い風習が関係していると考えられている。

本当は「ホウコグサ」

「母子草」と言うのは、誰からも愛される何とも温かみのある名前である。白くやわらかな毛や、春の陽だまりに咲く薄黄色の花もやさしさにあふれた母と子のイメージを連想させる。

しかし、実際には、綿毛の種子が「ほうけだつ」ことから、あるいは「葉の毛がほうけだって見える」ことから、ホウコグサと呼ばれていたのが転じて、ハハコグサになったとされる。「這う子」がホウコグサの由来であるとする説もある。

母と子にはかなわない父の哀愁

キク科

チチコグサモドキ

Gnaphalium pensylvanicum

見つけやすさ：★★☆
花の美しさ：★☆☆
しつこさ：★★☆

■漢字名：父子草擬き
■一年草、越年草
■英名：wandering cudweed、Manystem cudweed
■花期：春～秋
■生息地：道ばた、畑
■原産地：北アメリカ原産
■大きさ：高さ10～30cm程度
■分布：日本全土

母と子にはかなわない

「母子草」に対して「父子草」という植物もある。ハハコグサが春の七草や草餅の材料として親しまれているのに比べると、チチコグサはあまり知られていない。

また、ハハコグサが美しい黄色い花を咲かせて野原に彩りを添えているのに対して、チチコグサは花も小さく、色は暗い紫褐色で目立たない。さらに、チチコグサは最近ではだんだんと数を減らしていて、なかなか見ることができない。

父親として何とも身につまされる。

外国産の父親

チチコグサに代わって広がりつつあるのが、北米原産の「チチコグサモドキ」。モドキは漢字で「擬き」であり、似て非なるものを意味する。

チチコグサが茎の先端だけに花を咲かせるのに対して、チチコグサモドキは葉の付け根にも花をつけるのが特徴。

増加しつつある外国産のチチコグサ

日本原産のチチコグサが元気がないのに対して、外来雑草のチチコグサは、元気がいい。チチコグサモドキの他にも、葉の裏が白い点が特徴的な南米原産のウラジロチチコグサが、増加しつつある。

ウラジロチチコグサ

小さな野の花が
「鬼」と呼ばれた理由

キク科

オニタビラコ

Youngia japonica

見つけやすさ：★★☆
花の美しさ：★★☆
しつこさ：★★☆

■漢字名：鬼田平子
■別名：薬師草、乳草
■一年草、越年草
■英名：oriental false hawksbeard
■花期：春～秋
■生息地：道ばた
■原産地：日本在来
■大きさ：20～100cm
■分布：日本全土
■花言葉：純愛、想い

秘密のハナシ

「春の七草」はコオニタビラコ

春の七草の「ほとけのざ」はオニタビラコの近縁のコオニタビラコのこと。コオニタビラコは春の湿った田んぼに生えるが、最近では数が少なくなかなか見つけることができない。

一方、オニタビラコは田んぼの中には生えないが、乾燥に強く道ばたや荒地などで見ることができる。

何度も比べられた末に…

「鬼」と呼ばれる割には、やさしい花である。この名前はコオニタビラコに対してつけられたもの。

コオニタビラコ

コオニタビラコはもともと「たびらこ」と呼ばれていたが、タビラコより大きな本種が「鬼たびらこ」と呼ばれるようになり、「たびらこ」は今度は「鬼たびらこ」より小さいとされて、「小鬼たびらこ」と呼ばれるようになってしまった。

「たびらこ」は田んぼで平たく葉を広げていることから「田平子」の意。しかし、オニタビラコは田んぼの中には見られない。

漢名は「黄鶴菜《こうあんさい》」

漢名は「黄鶴菜」。葉の形が「鶴」という鳥の羽に似ていることから名付けられた。「菜」とつくとおり、食用になる。

ヨーロッパでは野菜だった
身近な雑草

キク科

セイヨウタンポポ

Taraxacum officinale

見つけやすさ：★★★
花の美しさ：★★★
しつこさ：★★★

■漢字名：西洋蒲公英
■別名：（タンポポ類の別名として）ぐじ菜、くじ菜、薬菜、むじ菜、田菜、鼓草、鼓花、乳草
■多年草
■英名：dandelion
■花期：春～秋
■生息地：道ばた、公園、畑
■原産地：ヨーロッパ
■大きさ：高さ20～30cm程度
■分布：日本全土
■花言葉：愛の神託、真心の愛、明朗な歌声・別離

もともとは野菜として導入

その名のとおり、ヨーロッパ原産。ヨーロッパでは野菜として食べられる。日本には明治時代に北海道に新しい野菜として導入されたが、定着せずに雑草化した。

属名の Taraxacum は「苦いもの」。種小名の officinale は「薬になる」。つまりタンポポの学名は「苦いが薬になる」という意味。古くから薬草として知られていた。

タンポポの語源は?

タンポポの語源は諸説ある。茎の両端を裂いて水に漬けると鼓のようになるため、鼓の音の「タン・ポンポン」に由来するという説が有力。タンポポの綿帽子の形が大名行列の「たんぽ槍」に似ているとする説もある。

英語では「ライオンの歯」

英語では「ダンデライオン」。これはフランス語の「ライオンの歯」という言葉に由来する。ギザギザした葉を見立てて名付けられた。ヨーロッパでは「星の金貨」というロマンチックな別名も。

一株あればタネを残す

セイヨウタンポポは、都会に多く見られる。これは他の花と交配しなくても、一株あればクローン種子を生産できる特殊な能力があるため。交配相手の仲間の株や花粉を運ぶ昆虫を得にくい都会でも子孫を残すことができる。

レタスとの意外な共通点を持つ

キク科

ノゲシ

Sonchus oleraceus

見つけやすさ：★★☆
花の美しさ：★★☆
しつこさ：★☆☆

■漢字名：野芥子・野罌粟
■別名：春の野げし、けしあざみ、乳草
■一年草
■英名：common sowthistle
■花期：春～初夏
■生息地：道ばた
■原産地：日本在来（ヨーロッパ原産）
■大きさ：高さ50～100cm程度
■分布：日本全土
■花言葉：見間違ってはいや、旅人、幼き友、悠久、憎まれっ子世にはばかる、追憶の日々

タンポポと同じキク科

「野芥子」という名だが、ケシの仲間ではなく、タンポポと同じキク科の植物。ケシの葉に似ていることから、名付けられた。

近縁ではないが、アキノノゲシという名の雑草（210ページ）もあり、それに対してハルノノゲシと呼ばれることもある。

別名は「乳草」

茎を切ると白い乳のような液が出るので、「乳草」の別名もある。乳草と呼ばれる植物は他にもある。ちなみにレタスのことを和名では「ちしゃ」というが、これも「乳草」が転訛したもの。

学名は「栽培する」

タンポポ（36、112ページ）、コオニタビラコ（35ページ）、オニタビラコ（34ページ）、ハハコグサ（30ページ）など春のキク科の雑草はおいしく食べられるものが多い。レタス、シュンギク、サラダナなどもキク科の葉菜。ノゲシの種小名 oleraceus は「栽培する」という意味があり、食べられる植物につけられる。

ノゲシも天ぷらや油炒め、おひたしなどで食べられ、別名は苦菜。タンポポやレタスなどと同じく、茎を切ると染み出てくる白い液が苦味を持つ。

貧乏草との別名を持つ気高き花

キク科

ハルジオン

Erigeron philadelphicus

見つけやすさ：★★☆
花の美しさ：★★★
しつこさ：★★☆

■漢字名：春紫苑
■別名：貧乏草、貧乏花
■多年草
■英名：Philadelphia fleabane, pink fleabane
■花期：春
■生息地：道ばた
■原産地：北アメリカ
■大きさ：高さ30～60cm程度
■分布：日本全土
■花言葉：追想の愛

フィラデルフィアの大地に咲く

学名の種小名は「フィラデルフィカス」。その名のとおり、もともとは北米・フィラデルフィアの大地に咲く野の花である。日本には、大正時代に園芸用植物としてアメリカから導入された。当時の名前は「ピンク・フリーベイン」である。その後、逸出して雑草として広がった。

貧乏になる?

別名として「貧乏草」や「貧乏花」と呼ばれる。種子が風で運ばれるため、庭を荒らしておくとすぐに生えて、落ちぶれた感じになることから名付けられた。折ったり、摘んだりすると貧乏になるとも言われている。

「ぺんぺん草」の正体

落ちぶれた家は「屋根にぺんぺん草が生える」と言われるが、ぺんぺん草の異名を持つナズナが屋根に生えることはほとんどない。諺のぺんぺん草の正体は、種子が風に乗って屋根まで運ばれるキク科の雑草である。ハルジオンもその一つである。

時代劇に登場!?

野菊に似ているので、時代劇のシーンでよく映し出されるが、ハルジオンは大正時代に帰化した植物であることから、江戸時代以前の日本にはなく、時代考証としておかしいとよく指摘される。

ユーミンも愛した春の野草

キク科

ヒメジョオン

Erigeron annuus

見つけやすさ：★★★
花の美しさ：★★☆
しつこさ：★★★

■漢字名：姫女苑
■別名：柳葉姫菊、御維新草、西郷草、戦争草、アメリカ草、貧乏草
■一年草、越年草
■英名：annual fleabane, eastern daisy fleabane
■花期：初夏～秋
■生息地：道ばた
■原産地：北アメリカ
■大きさ：高さ30～50cm程度
■分布：日本全土
■花言葉：素朴、清楚

ユーミンの歌にうたわれる

ヒメジオンと言われることがあるが、ヒメジョオンが正しい。一方、松任谷由実（ユーミン）の歌に「ハルジョオン・ヒメジョオン」があるが、ハルジョオンはハルジオンが正しい。漢字ではハルジオンは「春紫苑」で、春に咲くシオン（紫苑）という意味であるのに対して、ヒメジョオンは「姫女苑」で小さい「女苑」という意味。「女苑」は中国の野草である。ちなみに「ヒメシオン（姫紫苑）」という植物も別にあって、ややこしい。

ハルジオンとの見分け方

ハルジオンは春に咲くのに対して、ヒメジョオンは初夏から秋にかけて花を咲かせる。ハルジオンは、花が薄ピンクのものが多いが、ヒメジョオンは白いものが多い。また、ハルジオンはつぼみが下を向くことや、葉が茎を抱く点で区別できる。わかりにくいときは、茎を折って、中が空洞なのが、ハルジオンである。

繁殖スピードの違い

両種ともに北米原産の帰化雑草。ヒメジョオンは明治時代に、ハルジオンは大正時代に帰化した。ハルジオンは多年生であるのに対して、ヒメジョオンは一年生で生産する種子の数が多い。この繁殖力の違いから、ハルジオンは関東を中心に見られるのに対して、ヒメジョオンは全国各地に分布を広げている。

道に咲くオレンジ旋風

ケシ科

ナガミヒナゲシ

Papaver dubium

見つけやすさ：★★☆
花の美しさ：★★★
しつこさ：★★★

■漢字名：長実雛芥子
■別名：虞美人草
■一年草
■英名：long-headed poppy
■花期：春～初夏
■生息地：道ばた、空き地
■原産地：ヨーロッパ
■大きさ：高さ10～60cm程度
■分布：沖縄県を除く日本全土
■花言葉：平静、慰め、癒し

近年、急増中

オレンジ色の美しい花が良く目立つ。ヨーロッパ原産の帰化植物で、観賞用植物として江戸時代にもたらされた。

近年、急速に分布を拡大させている。種子が車のタイヤにくっついて運ばれていると推察されており、道沿いに広がっていく。また、コンクリートによってアルカリ性になった道ばたの土壌を好むとも言われている。

けし粒のような種

非常に小さなものをたとえて、「けし粒」という。これはケシの種子が小さいことに由来している。ナガミヒナゲシもケシの一種であり、種子が極めて小さい。けし坊主と呼ばれる実のふたが開いて、千～二千粒の種子がばらまかれるため、繁殖力が旺盛。ただし「けし粒」は漢字で「芥子粒」と書くように、本来はカラシナの種子のこと。種子が似ていることから、室町時代に誤用された。

毒物質で他の植物を攻撃

根から、他の植物の芽生えを阻害するアレロパシー物質を出す。このような物質を出す植物は少なくないが、ナガミヒナゲシの物質は阻害活性が強いとされている。

ケシの仲間だが無毒

阿片の原料となるケシと同じ仲間だが、園芸植物のポピーやヒナゲシと同じように阿片の原料物質は含んでいない。

万能の薬草の意外な増毛法

キク科

ヨモギ

Artemisia indica

見つけやすさ：★★★
花の美しさ：★☆☆
しつこさ：★★★

■漢字名：蓬
■別名：さしも草、もぐさ、もち草、垂れ葉草、焼き草、焼い草
■多年草
■英名：Japanese mugwort
■花期：秋
■生息地：道ばた、畑
■原産地：日本在来
■大きさ：高さ50～100cm程度
■分布：日本全土
■花言葉：幸福、平和、平穏、夫婦愛、決して離れない

草餅の材料

別名はモチグサ。草餅の材料に用いられる。葉の裏が白いのは、毛が密生しているため。この毛が粘りを出すので、もともとは餅のつなぎとして用いられた。

ヨモギの増毛法

葉の裏の毛は、一本が途中から二つに分かれており、アルファベットのTのような構造になっているので「T字毛」と呼ばれる。まるで一本の毛根から何本かの毛を出させる増毛法と同じである。ヨモギはもともと中央アジアの乾燥地帯が原産なので、葉の裏の気孔から水分が逃げ出さないように、毛を密生させている。

ヨモギはよく燃える

お灸のもぐさは、ヨモギの葉の裏の毛を集めたもの。ヨモギの名は「よく燃える木」に由来するとする説もあり、「善燃草」の字があてられることもある。繁殖力が強く四方に広がることから「四方草」、春に萌えることから「善萌草」に由来するという説もある。

ハーブの女王

属名の Artemisia は、ギリシャ神話の女神アルミテスに由来する。月経痛・月経不順・不妊に効果があるとされ「女性の健康の守護神」という意味で名付けられた。その他にも多くの薬効を持ち、「ハーブの女王」の異名を持つ。雑草扱いできない雑草である。

世界を股に掛ける国際派雑草

イネ科

スズメノカタビラ

Poa annua

見つけやすさ：★★★
花の美しさ：★★★
しつこさ：★★★

■漢字名：雀の帷子
■別名：花火草、ほこり草、はぐさ
■一年草、越年草
■英名：annual bluegrass、
annual meadow grass、
annual poa
■花期：春〜秋
■生息地：道ばた、畑
■原産地：ヨーロッパ
■大きさ：高さ10〜30cm程度
■分布：日本全土

スズメの着物

スズメノカタビラは「雀の帷子《かたびら》」の意味である。帷子とは麻や生糸で作った裏地のない一重の着物をいう。穂の小穂が、一重の着物の合せに似ていることから名付けられた。

古い時代にムギの栽培が日本にもたらされたときに、いっしょに日本に伝来したと考えられている。

帷子

世界に羽ばたくコスモポリタン

生息範囲が広く田んぼの畦から、大都会の道ばたまで、ありとあらゆる場所に見られる。もともと、ヨーロッパ原産の外来雑草であるが、生息地は熱帯から寒帯まで世界中と言ってもいいだろう。世界を股に掛けて働くビジネスマンはコスモポリタンと呼ばれるが、スズメノカタビラのように世界中で見られる雑草もまたコスモポリタンと呼ばれている。

ゴルフ場の管理に適応

草刈りに強いスズメノカタビラは、ゴルフ場の問題雑草である。ゴルフ場の管理に適応していることが知られており、ラフに生えるものよりも芝の短いフェアウェイに生えるスズメノカタビラは低い位置で穂をつけ、グリーン上に生えるものは、草刈りにあわせてごく低い位置で穂をつける。

都会を彩る牧草の女王

イネ科

ネズミムギ

Lolium multiflorum

見つけやすさ：★★★
花の美しさ：★☆☆
しつこさ：★★★

■漢字名：鼠麦
■別名：イタリアンライグラス
■一年草
■英名：Italian ryegrass
■花期：初夏
■生息地：道ばた
■原産地：ヨーロッパ
■大きさ：高さ30〜80cm程度
■分布：日本全土

もともとは牧草

英語では、イタリアンライグラス（イタリアの牧草）。もともとは地中海原産の植物で、イタリアで牧草として利用されたことから名付けられた。栄養価が高いことから、イネ科牧草の女王と呼ばれており、世界中で牧草として利用されている。

日本には明治時代に牧草として導入され、現在でも栽培されている。これらの牧草が逸出して野生化した。また、成長が早いため、法面《のりめん》の緑化に用いられたものが雑草化して各地に広がった。

毒麦の仲間

ネズミムギはLolium（ドクムギ）属に分類される。ドクムギは麦に似ているが毒があるため、新約聖書では悪魔が畑に播くと言われている。ただし、ドクムギの毒は寄生する麦角菌によるもの。ネズミムギに毒はない。

逃げ出した牧草たち

イネ科の雑草の中には、牧草が野生化したものが少なくない。ネズミムギの仲間のペレニアルライグラスは、雑草化した後はホソムギと呼ばれる。また、オーチャードグラスの雑草名はカモガヤ、チモシーはオオアワガエリ、トールフェスクはオニウシノケグサというように、同じ植物でも牧草名と雑草名とがある。じつは都会の真ん中でも、牧歌的な風景に見られる牧場の植物が多く生えているのである。

昔の女子言葉が名前の由来

イネ科

カモジグサ

Elymus tsulishiensis

見つけやすさ：★★☆
花の美しさ：★☆☆
しつこさ：★★☆

■漢字名：髪文字草
■別名：夏の茶挽《ひ》き
■多年草
■英名：wheatgrass
■花期：初夏
■生息地：道ばた
■原産地：日本在来
■大きさ：高さ50～100cm程度
■分布：日本全土
■花言葉：童心

語源は「付け髪」

「かもじ」とは、髪を結ったり垂らしたりするときに付ける「付け髪」のこと。カモジグサの葉を細く裂いて、女の子が「かもじ」にして遊んだことから名付けられた。

「かもじ」はもともとは「髪」を指す言葉である。室町時代の女官の間では、言葉に「もじ」をつけることが流行った。たとえば「しゃもじ」も、もともとは、「杓《しゃ》」に「もじ」を付けた女官言葉である。「かもじ」も髪に「もじ」が付けられた当時の流行語だったのである。

コムギの祖先種？

コムギはさまざまな植物の雑種によって誕生したとされているが、カモジグサの仲間は、コムギの祖先種の一つであるとも考えられている。葉がねじれて葉の表と裏が反対向きになっており、これはコムギと同じ特徴である。

学名は現在はElymusだが、かつてはAgropyronと言われていた。これは、「野生の小麦」という意味である。

毛虫遊び

毛虫に見立てて遊ぶというとエノコログサ（160ページ）が有名だが、カモジグサの穂でも毛虫遊びができる。小穂を腕に乗せて、もう片方の手で腕の皮を動かすと、小穂が生きている虫のように動く。

戦国武将が愛した
たくましい雑草の代表格

カタバミ科

カタバミ

Oxalis corniculata

見つけやすさ：★★★
花の美しさ：★★☆
しつこさ：★★★

■漢字名：片喰、酢漿草
■別名：黄金草、鏡草、銭みがき
■多年草
■英名：sorrel
■花期：春～秋
■生息地：道ばた、畑
■原産地：日本在来
■大きさ：高さ10～30cm程度
■分布：日本全土
■花言葉：輝く心、喜び

夜に眠る草

白クローバーと見間違えられることもあるが、カタバミは葉がハート形である。夜になると葉を閉じて眠るため、漢字では「片喰」。葉が食べられたように半分に欠けたように見えることから名付けられた。

戦国武将が好んだ

ハート形を三つ組み合わせた均整の取れた葉の形は家紋によく用いられる。片喰紋は日本十大家紋の一つである。

小さな雑草だが、意外なことに武家は家紋のモチーフとしてカタバミを好んだ。繁殖力が旺盛で、絶やすことが難しいことから、武家は子孫繁栄を願ったのである。

カタバミの家紋の例

十円玉を磨くとピカピカに

葉が酸を含むため、噛むと酸っぱい味がする。揉んで十円玉を磨くと酸でピカピカになる。昔は金属や鏡を磨くために用いられたため、「黄金草」や「鏡草」の別名もある。属名の Oxalis はギリシャ語の oxys に由来。シュウ酸の英名 oxalic acid は、Oxalis から見つかったことに由来する。

タネは人について移動する

細長い実を触るとタネがバチバチと弾け飛ぶ。タネには粘着物質がついており、人や靴について運ばれる仕組みになっている。

庭園から逃げ出した美しい雑草

カタバミ科

ムラサキカタバミ

Oxalis corymbosa (Oxalis bowiei)

見つけやすさ：★☆☆
花の美しさ：★★★
しつこさ：★★☆

■漢字名：紫片喰（花片喰）
■別名：キキョウカタバミ（なし）
■多年草
■英名：violet wood-sorrel
（Bowie's wood-sorrel、
red-flower wood-sorrel）
■花期：夏
■生息地：道ばた
■原産地：南アメリカ
■大きさ：高さ10～30cm程度
■分布：関東以西
■花言葉：輝く心、
喜び

＊標本写真は仲間のハナカタバミ。
カッコ内も

江戸時代末期に日本に

南米原産。江戸時代末期に園芸用の植物として日本に持ち込まれた。熱帯原産なので関東以西の暖地に分布している。

沖縄では強害草

美しいピンク色の花と、ハート型のかわいらしい葉っぱで、道ばたに彩りを添える雑草だが、気温の高い沖縄では旺盛に生育し問題となっている。特に畑では、被害をもたらす強害草である。

繁殖力の秘密は地下茎

カタバミ（54ページ）と異なり、地下に鱗茎を作って増えるので、根絶が難しい。

園芸用としても販売

カタバミの仲間は花が美しい一方で、丈夫で育てやすいという特徴を持つ。また、繁殖力が旺盛で増やしやすい。そのため、「オキザリス」の名でさまざまなカタバミの仲間が園芸用に販売されている。しかし、丈夫で増えやすい性質から雑草化しやすい面もある。

園芸用のカタバミの仲間が雑草化したものには、ムラサキカタバミと同じ南米原産のハナカタバミ、イモカタバミがある。また、最近では、南アフリカ原産のオオキバナカタバミもよく目立つ。

オオキバナカタバミ

都会に咲く桔梗花

キキョウ科

キキョウソウ

Triodanis perfoliata

見つけやすさ：★★☆
花の美しさ：★★★
しつこさ：★★★

■漢字名：桔梗草
■別名：段々桔梗
■一年草
■英名：common Venus' looking-glass
■花期：初夏
■生息地：道ばた、空き地
■原産地：北アメリカ
■大きさ：高さ20～80cm程度
■分布：関東以南
■花言葉：人当たりがいい、優しい愛

段々に咲くキキョウ

キキョウ科の雑草。紫色で、花びらが五枚の小さな花がキキョウの花に似ていることから名付けられた。長く伸びた茎に、段々に花をつけることから、「段々桔梗」の別名もある。

アメリカからやってきた

北アメリカ原産の帰化植物。一九三〇年代に横浜で最初に発見され、やがて各地に見られるようになった。近年、急速に分布を広げており、道ばたなどによく見られる。

閉鎖花で大繁殖

キキョウソウは初夏になると、茎の上部の方にキキョウのような美しい花を咲かせるが、春のうちは、茎の下部につぼみのままで開くことのない閉鎖花を咲かせる。これはつぼみの中で自分の花粉を自分の雌しべにつけて、花粉を運ぶ虫がいなくても確実に種子を残すための工夫。虫にたよらないこの仕組みによって、都会でも繁殖している。

本家のキキョウは絶滅危惧

キキョウソウは道ばたで分布を広げているが、名前の由来となったキキョウは野生状態では絶滅危惧されるまでに数を減らしている。キキョウは日当たりの良い草むらを棲みかとしているが、昔ながらの草むらが減少している。一方、キキョウソウなどの帰化雑草は、日本に自生する植物との競争が少ない都会の環境を棲みかとして分布を広げている。

踏まれたくてたまらない
道の見張り番

オオバコ科

オオバコ

Plantago asiatica

見つけやすさ：★★★
花の美しさ：★☆☆
しつこさ：★★★

■漢字名：大葉子
■別名：車前草、蛙葉、かえるっぱ、
きゃあろっぱ、丸子葉、
野良胡麻、すもうとり草
■多年草
■英名：Chinese Plantain、arnoglossa
■花期：春～秋
■生息地：道ばた
■原産地：日本在来
■大きさ：高さ10～20cm程度
■分布：日本全土
■花言葉：足跡を残す、白人の足跡

なぜ踏まれ強いのか？

踏まれても踏まれてもたくましく生きる雑草の代表格。葉をちぎってそっと引っ張ると、白い筋が見える。オオバコの葉はやわらかく、葉の中に五本の筋が通っている。柔らかさと固さを併せ持つのが、踏まれに強い秘密。花茎は逆に、外側が固く、内側がややわらかいのでしなって衝撃をやわらげる。

「カエルがよみがえる」言い伝え

別名は「きゃあろっぱ」。これは「かえる葉」の意味で、葉がカエルに似ていることから名付けられた。オオバコの葉を死んだカエルにかぶせると生き返るという言い伝えもある。

ドイツ語では「道の見張り」

車が通る道に沿って生えることから漢名は「車前草」。種子は「車前子」という生薬になる。ドイツ語では、「道の見張り」と呼ばれ、戦死した騎士の帰りを待ち続けた妻が死んだ後に生えてきたと伝えられている。

別名は「ブスの恋」

道に沿って生えているのは理由がある。種子にはゼリー状の物質があり、水に濡れると膨張して粘着する。そのため、靴や自動車のタイヤに踏まれるとくっついて運ばれ、踏まれやすい道に広がる。学名のPlantagoは、足の裏で運ぶという意味。種子がしつこくまとわりつくことから「ブスの恋」の別名も。

踏まれるまえから立ち上がらない策士

トウダイグサ科

コニシキソウ

Chamaesyce maculata (Euphorbia supine)

見つけやすさ：★★★
花の美しさ：★☆☆
しつこさ：★★☆

■漢字名：小錦草
■別名：乳草
■一年草
■英名：spotted spurge、
milk-purslane
■花期：夏
■生息地：道ばた
■原産地：北アメリカ
■大きさ：地を這う。
茎は長さ10～20cm程度
■分布：日本全土
■花言葉：執着、密かな情熱、
変わらぬ愛

名前は小さい錦草

明治時代の植物学者の牧野富太郎により発見された帰化雑草である。ハワイ原産の巨漢の元大関「小錦」を連想してしまうが、小さな雑草である。北アメリカ原産で、在来のニシキソウより小さいことに由来する。「錦草」は茎が赤く葉が緑で美しいことから。

踏まれやすい姿

茎を横に這わせながら、上向きに葉をつけている。そのため、踏まれてもダメージが少なく、雑踏の行き交う歩道のわずかな隙間などでもよく見かける。

アリさんアリがとう

地べたに生えるコニシキソウは、アリが花粉を運ぶ。そのため、ハチやアブを呼び寄せるための花びらがない。また、雄花は雄しべ一個、雌花は雌しべ一個というシンプルな構造をしている。

アリのさらなる利用

季節によって種子の散布方法が異なり、実が熟して弾き飛ばす場合と、アリが種子を運ぶ場合とがある。コニシキソウの種子は、スミレ（14ページ）のようなエライオソームはないが、種子を食べる種類のアリが巣に運び込む。不思議なことに、ほとんど食べずに種子を巣の外に捨てることで種子が散布される。

どっこい生きてるミクロな雑草

ナデシコ科

ツメクサ

Sagina japonica

見つけやすさ：★★★
花の美しさ：★★☆
しつこさ：★★★

■漢字名：爪草
■別名：鷹の爪
■一年草、越年草
■英名：Japanese pearlwort
■花期：春～夏
■生息地：道ばた
■原産地：日本在来
■大きさ：高さ0.5～20cm程度
■分布：日本全土
■花言葉：勤勉、幸福、幸福な愛

まるでコケのよう

本来の草丈は10㎝程度だが、1㎝にも満たないほどの大きさで、歩道の舗装ブロックの目地《めじ》などにコケのように生えていることが多い。種子に細かい突起があり、踏まれると種子が靴の裏について運ばれる。

踏みつけだけでなく、草刈りに対する耐性も強く、ゴルフ場などで短く刈り込まれたシバの間に生えていることもある。

ツメクサは「爪草」

ツメクサというと、クローバーの別名のあるシロツメクサを思い出すが、似ても似つかないまったくの別種。

シロツメクサはマメ科で、「詰め草」と書くのに対して、本種はナデシコ科で「爪草」と書く。「詰め草」は昔、ガラス製品が割れないように包装材として詰められたことに由来する。一方、「爪草」は針状の細長い葉が爪に似ていることから。鳥の爪に似ているからという説と、切った爪に似ているからという説とがある。

花は美しい

ごくごく小さな雑草だが、よく見るとその花は美しい。ツメクサはナデシコ科で、園芸用のダイアンサスやカーネーションと同じ科に属している。また、ナデシコ科の雑草にはハコベ（16ページ）やオランダミミナグサ（116ページ）がある。花びらは五枚である。

アスファルトだって突き破る

カヤツリグサ科

ハマスゲ

Cyperus rotundus

見つけやすさ：★☆☆
花の美しさ：★☆☆
しつこさ：★★★

■漢字名：浜菅
■別名：香附子
■多年草
■英名：Mexican primrose
■花期：夏～秋
■生息地：道ばた、空き地、畑
■原産地：日本在来
■大きさ：高さ10～40cm程度
■分布：東北以南

乾燥したところを好む

ハマスゲは浜に生えるスゲという意味。スゲはカヤツリグサの総称。ただし、ハマスゲはスゲ属ではない。その名のとおり、砂浜に見られるが、乾燥に強いため、畑や道ばたでも多く見られる。

アスファルトを突き破る

アスファルトを突き破って雑草が芽を出していることがある。これは、もともとアスファルトの隙間に種子が落ちた場合と、アスファルトを押し上げて芽が出てくる場合がある。

ハマスゲは、地面の下の根茎や塊茎の栄養分を使ってアスファルトを持ちあげて芽を出してくる。アスファルトを破って地上に出てきたハマスゲは、草むしりをしようとしても塊茎がアスファルトの下に守られているので、除草が難しい。

薬草としても活躍

ハマスゲは別名を「香附子」という。これは香る附子という意味。附子とは、猛毒で有名なトリカブトのことである。ハマスゲは塊茎が附子に似ていることから、そう呼ばれるようになった。ちなみに、附子の毒を飲んだときの苦悶の表情が「ブス」という言葉の語源になったとも言われている。

「畑にこうぶし、田にひるも」と言われ、ハマスゲは畑の雑草の代表とされたが、古くから薬草としても利用されており、正倉院からも薬草の香附子が見つかっている。

なかなか枯れない
雑草界のターミネーター

ベンケイソウ科

マンネングサ

Sedum

見つけやすさ：★★☆
花の美しさ：★★☆
しつこさ：★★☆

■漢字名：万年草
■別名：セダム
■多年草
■英名：stonecrop
■花期：夏
■生息地：道ばた
■原産地：メキシコマンネングサ（メキシコ原産）、ツルマンネングサ（中国、朝鮮半島原産）、コモチマンネングサ（中国、朝鮮半島）、タイトゴメ（日本在来）
■大きさ：高さ3～30cm程度
■分布：帰化種は日本全土、在来種のタイトゴメは関東以西
■花言葉：私を思ってください、落ち着き、記憶

＊写真はタイトゴメ

なかなか枯れない

生命力が強く、いつまでも緑を保って枯れないことから「万年草」と呼ばれる。

科名のベンケイソウも「弁慶草」の意で、この名前は、引き抜いて炎天に放置しておいても根を出す剛健さが武蔵坊弁慶にたとえられたから。在来種のタイトゴメは、「大唐米」で、葉の形が外国米に似ていることから。

園芸種からエスケープ

マンネングサの仲間は、多肉植物で、厚い葉の中に水分を蓄えているため、乾燥に強い。乾燥地帯や岩場に自生するものが多いが、乾燥に強く管理が容易なので、属名のセダムの名前で園芸植物や緑化植物に用いられ、逸出して雑草化している。属名のSedumは、ラテン語で「座る」という意味で、岩場に生えている様子に由来している。

雑草として広がっているものには、メキシコマンネングサやツルマンネングサ、コモチマンネングサなどさまざまな種類がある。

乾燥に強い光合成システム

「CAM」と呼ばれる特別な光合成を行なっており、乾燥に強い。ふつうの植物は、昼間、気孔から二酸化炭素を取り込んで光合成を行うが、気孔から水分も逃げ出してしまう。そこで、夜間に気孔を開いて貯めこんだ二酸化炭素を、昼間の光合成に利用している。電気代の安い深夜電力で氷や温水を作り、昼間の空調に使うしくみに似ているかも知れない。

世界で活躍する雑草の悲しい日本名

キク科

ハキダメギク

Galinsoga quadriradiata

見つけやすさ：★★★
花の美しさ：★★☆
しつこさ：★★★

■漢字名：掃溜め菊
■一年草
■英名：shaggy soldier、hairy galinsoga、gallant soldiers、Peruvian weed、Kew weed
■花期：初夏～秋
■生息地：道ばた、畑
■原産地：熱帯アメリカ
■大きさ：高さ10～60cm程度
■分布：日本全土
■花言葉：不屈の精神

ゴミ捨て場で発見

ハキダメギクの名は「掃き溜め菊」の意味で、熱帯アメリカ原産の帰化植物。植物学者として有名な牧野富太郎博士が、東京世田谷区のゴミ捨て場で発見したことから、名付けられた。

図鑑ではオオイヌノフグリ（18ページ）やヘクソカズラ（154ページ）と並んで、「かわいそうな名前」と紹介されることが多い。

世界でさまざまな名前が

世界中に広がっている雑草はコスモポリタンと呼ばれる。

旺盛な繁殖力に由来し、英語名は「勇ましい戦士（gallant soldiers)」。

ハキダメギクは熱帯アメリカの原産だが、大航海時代を経て世界中に広まった。そのため、この雑草には世界各地でさまざまな名前がつけられている。

ハワイでは原産地にちなんで「ペルーの雑草（Peruvian weed)」と呼ばれている。イギリスでは「キュー植物園の雑草（Kew weed)」と、最初に導入された権威ある王立植物園の名を冠している。

花言葉は「不屈の精神」

花言葉は「不屈の精神」。そのとおり、「はきだめ」呼ばわりされる苦境に負けず、あらゆる場所に蔓延する雑草の代表である。

都会を彩るヒマラヤの野草

タデ科

ヒメツルソバ

Persicaria capitata

見つけやすさ：★★☆
花の美しさ：★★☆
しつこさ：★★☆

■漢字名：姫蔓蕎麦
■別名：寒いたどり
■多年草
■英名：pink head knotweed
■花期：春、秋
■生息地：道ばた
■原産地：ヒマラヤ
■大きさ：高さ10～20cm程度
■分布：日本全土
■花言葉：愛らしい、
気がきく、
信じる心

金平糖のような花

ピンク色の花がよく目立つ。群生すると美しい。アスファルトのすきまや、ブロック塀から蔓を伸ばすたくましい雑草ながら、金平糖のようなかわいらしい花を咲かせる。

ソバの花とは似ていない

ソバの花には似ていないのに、なぜかソバという名前がつけられている。海岸近くに生える野草に、つるで成長し、ソバに似た花を咲かせるツルソバがあり、それに似ていて小さいことから、ヒメツルソバと名付けられた。

もとはヒマラヤ原産

ヒマラヤ原産で、寒さや乾燥にも強いため、明治時代にロックガーデン用の植物として日本に導入された。ピンク色の花もかわいらしく、葉にも模様があるため、地面を覆うグランドカバープランツとして人気が高い。広く雑草化しているが、まるで植栽された園芸用の植物であるかのように美しく道ばたを彩っている。

草紅葉も美しい

ソバと同じタデ科の植物である。木々ではなく草の葉が紅葉することを「草もみじ」と言うが、タデ科の植物は葉が赤くなる「草もみじ」の代表である。ヒメツルソバも秋になると赤くなり、美しい。

第2章 空き地の雑草

久し振りに歩いた街の中に見つけたぽっかりと空いた空き地。見慣れた道なのに、この場所にどんな建物があったのか思い出せないことも多い。

面白いことに雑草の種類がわかると、空き地になってから何年くらい経っているのかがわかる。空き地になってすぐは、風に乗って種を運ぶ一年生の雑草が生えている。そのうち、いろいろな雑草が生えてくるが、後から競争に強い大きな雑草が侵入してくると、雑草の種類が次々に置き換わっていく。最後には背の高い多年生の雑草が繁茂するようになる。

毎日歩く通勤経路に空き地を見つけたら、そんな雑草の種類の変遷を眺めてみるのも

面白い。

空き地は、外国から来た帰化雑草が多いのも特徴。日本の在来植物が繁茂する場所には、帰化雑草はなかなか侵入できない。そこで、在来植物がいない空き地に潜伏し、そこで種を増やして、周辺に広がっていくのである。

千の風になって銀色に輝く

イネ科

チガヤ

Imperata cylindrica

見つけやすさ：★★☆
花の美しさ：★★☆
しつこさ：★★★

■漢字名：茅
■別名：つばな、ちばな、ち、まくさ、まかや、みのかや、かや
■多年草
■英名：cogongrass, alang-alang, Japanese blood grass
■花期：春～初夏
■生息地：道ばた、空き地
■原産地：日本在来
■大きさ：高さ30～80cm程度
■分布：日本全土
■花言葉：子どもの守護神、みんなで一緒にいたい

子どもたちのおやつ

チガヤの花穂である「つばな」は、春のつぼみの頃にしゃぶるとかすかな甘味があるので、昔は子どもたちのおやつだった。

じつは、チガヤは、砂糖の原料となるサトウキビと分類学的に近い仲間の植物で、根茎や茎にも糖分をたくわえている。

川の土手や公園、空き地など、草刈りの行なわれる場所でよく見られる。チガヤが、銀色に光るやわらかな穂を一面に風になびかせている光景は壮観である。

夏を呼ぶ草

夏に先駆けて吹く湿った南風は「つばな流し」と呼ばれている。チガヤは、風に乗せて種子を飛ばすので、熟した穂が綿のようにほぐれて風に飛ばされる。このチガヤの穂を飛ばしながら吹く風が「つばな流し」である。

やわらかな穂は、昔、火打石で火をつけるときの火付け材としても用いられた。

邪気を払う草

チガヤは漢字で「茅」と書く。尖った葉をピンと立てている様子が「矛」に見立てられた。尖った葉は、邪気を防ぐと信じられていて、昔は魔よけに用いられた。

六月三十日の夏越しの大祓のためにくぐる神社の大きな「茅の輪」は、チガヤの葉から作られる。

フウロソウ科

アメリカフウロ

Geranium carolinianum

見つけやすさ：★★☆
花の美しさ：★★☆
しつこさ：★★☆

■漢字名：亜米利加風露
■一年草
■英名：Carolina geranium, Carolina cranesbill
■花期：春～夏
■生息地：道ばた、空き地
■原産地：北アメリカ
■大きさ：高さ10～40cm
■分布：日本全土
■花言葉：誰か私に気づいて

草刈り場に咲く花

アメリカフウロは「アメリカから来たフウロソウ」という意味である。フウロソウは「風露草」と書く。名前の由来は、明確ではないが、周囲が木で囲まれている草刈り場を「ふうろ野」と呼び、「ふうろ野」に生える草という意味ともいわれている。種小名はcarolinianum。これはカロライナに由来している。日本には昭和初期頃に侵入した。

ネイティブアメリカンの薬草

属名はGeranium。これは園芸植物のゼラニウムと同じである。よく見ると、アメリカフウロの花はゼラニウムの花とよく似ている。ゼラニウムはヨーロッパでは虫よけのために窓辺に飾られた薬草。

アメリカフウロに似た在来のゲンノショウコは、古くから下痢止めの薬草で、薬効が明らかなことから、「現の証拠」と名付けられた。アメリカフウロもアメリカ大陸では、ネイティブアメリカンの神聖な薬草であった。

種子を弾き飛ばす

近縁の在来種、ゲンノショウコは別名をみこし草という。さやが熟すと、裂開して反り返り、種子を弾き飛ばす。この弾き飛ばした後のさやの形が、みこしの屋根のように見えることから、そう呼ばれている。アメリカフウロもゲンノショウコと同じようにさやが裂開して種子を弾き飛ばす。

ニラのようでニラでない

ユリ科

ハタケニラ

Nothoscordum fragrans

見つけやすさ：★★☆
花の美しさ：★★☆
しつこさ：★★★

■漢字名：畑韮
■多年草
■英名：fragrant false garlic、wild onion、onion weed
■花期：初夏
■生息地：道ばた、空き地
■原産地：北アメリカ
■大きさ：高さ30～60cm程度
■分布：関東～近畿
■花言葉：素直な心

秘密のハナシ

ニラとは別種

ニラの名前はついているが、ニラはネギ属であるため近縁ではない。ニラよりも花が大きく美しい。

属名のNothoscordumはギリシャ語の「偽のニンニク」の意味。種小名のfragransは「芳しい香りがする」という意味である。

繁殖力が旺盛

北アメリカ原産の帰化雑草。明治時代に園芸植物として持ち込まれたものが野生化した。繁殖力が強く、近年、急速に分布を広げている。種子と鱗茎《りんけい》で増えるため、美しい花とは裏腹に、一度侵入すると、駆除が難しいしつこい雑草である。

さらに花が美しいニラ

ハタケニラとは、まったくの別種だが、同じくニラと呼ばれる雑草にハナニラ（花韮）がある。ハナニラも明治時代に園芸植物として持ち込まれたアルゼンチン原産の帰化雑草。ハナニラは花が美しく、現在でも園芸植物として栽培されているが、逸出して野生化している。

ハナニラ

ハナニラの名前は、葉がニラに似ており、葉をちぎるとニラのような匂いがすることに由来している。野菜のニラも繁殖力が旺盛で、ときどき雑草化しているが、ニラとハタケニラ、ハナニラは花が咲けば似ても似つかない。

紫色の霞みたなびく

オオバコ科

マツバウンラン

Nuttallanthus canadensis

見つけやすさ：★★☆
花の美しさ：★★★
しつこさ：★★★

■漢字名：松葉海蘭
■一年草、越年草
■英名：Canada toadflax、
oldfield toadflax、
blue toadflax
■花期：初夏
■生息地：道ばた、空き地
■原産地：北アメリカ
■大きさ：高さ20〜60cm程度
■分布：沖縄県を除く東北以南
■花言葉：喜び、輝き

秘密のハナシ

松葉のような植物

漢字では「松葉海蘭」。浜辺に生えて、ランの花に見えることから名付けられた「海《うん》蘭《らん》」という植物に似ていて、茎が松葉のように細いことから名付けられた。

紫色の霞のよう

茎が細くて見えにくいが、薄紫色の花が目立つため、群生すると紫色の霞が浮いているように美しく見える。

ランに似ている?

属名のリナリアの名を持つ園芸植物のヒメキンギョソウによく似ている。

小さな青紫色の花は、唇形をしていて、よく見るとランの花のように美しい。上の花びらと下の花びらの間に四本の雄しべと、一本の雌しべが隠されていて、ハチなどの昆虫が花に潜り込むと昆虫の体に花粉をつけるような仕組みになっている。

北アメリカ原産の帰化雑草

北アメリカ原産の帰化植物。種小名のcanadensisは「カナダの」という意味。

以前は西日本に多かったが、近年、急速に分布を広げており、東北以南の各地で見られる。

日当たりの良い乾燥した場所を好み、道ばたや川の土手、公園の芝生など、さまざまな場所で生きている。

役立たず呼ばわりも、じつは役に立つ

ヒユ科

イヌビユ

Amaranthus blitum

見つけやすさ：★★☆
花の美しさ：★☆☆
しつこさ：★★☆

■漢字名：犬莧
■別名：ノビユ、クサケトギ、ヒョー、キチガイ、ヤブドロボウ、オコリ、フシダガ、ヒエ、フユナ、ヨバイグサ
■一年草
■英名：purple amaranth、livid amaranth
■花期：初夏～秋
■生息地：空き地
■原産地：不明（ヨーロッパ原産という説がある）
■大きさ：高さ30～60cm程度
■分布：日本全土

若芽はおいしい

ヒユはインド原産で葉や種子が食用になる。俗にアマランサスと呼ばれる植物である。漢字で「莧」と書き、種子が眼病に薬効があるため、「見」という字が使われた。ヒユの名は「冷ゆ」に由来するとされる。食べると体が冷えるためとする説もあるが、不明。

植物の名前は、イヌとつくものが多いが、これは役に立たず人間用ではないという意味。イヌビユは、ヒユに似ているが食べられないので「役に立たないヒユ」という意味である。しかし、実際には若芽はおいしく食べられる。

「しぼまない」

属名のAmaranthusは、ラテン語の「しぼまない」に由来。この仲間は花びらがなく、がく片を色づかせているので、色あせることがなく、長い間鮮やかな色を保つことができる。これは花粉を運ぶ昆虫を長い期間引きつけるための工夫。

ヒユの仲間の見分け方

よく似た雑草にホナガイヌビユ（別名アオビユ）がある。イヌビユは江戸時代以前の古い時代に日本に伝わったのに対して、ホナガイヌビユは熱帯原産で、昭和初期に帰化して、近年、広がっている。ホナガイヌビユはその名のとおり、穂が長く垂れる。一方、イヌビユは穂が短く、葉の先がへこむのが特徴である。

縄文時代から生えていた
食べられる野草

ヒユ科

シロザ

Chenopodium album

見つけやすさ：★☆☆
花の美しさ：★☆☆
しつこさ：★★☆

■漢字名：白藜
■別名：白あかざ、ぎんざ
■一年草
■英名：white goosefoot
■花期：夏～秋
■生息地：空き地、道ばた
■原産地：日本在来
（史前帰化）
■大きさ：50～200cm程度
■分布：日本全土
■花言葉：結ばれた約束

縄文時代から生えていた

シロザの種子は縄文時代の遺跡からもよく見つかる。ヨーロッパから西アジア原産で、古い時代に日本に入ってきた史前帰化植物である。畑の雑草として侵入したという説と、野菜として食べられていたという説がある。

学名は白い鳥の足

属名のChenopodiumは「鳥の足」を意味するラテン語。葉の形がカモの足に似ていることから名付けられた。英名のgoosefootも「ガンの足」という意味。種小名のalbumは白を意味する。もともとは白い石灰や白い掲示板を意味するアルバムや、白い変異個体を表すアルビノと同じ語源である。

野菜としても食べられる

シロザは古代ヨーロッパでは野菜として食べられていた。シロザの変種で野菜として改良されたものがアカザ。ただし、アカザも現在では栽培されずに雑草化している。

シロザと同じアカザ科の野菜にはホウレンソウがある。ただし、シロザもホウレンソウも新しい分類ではヒユ科に分類される。シロザやアカザは、ホウレンソウよりもおいしいと言われている。

仙人の杖

仙人が持っている杖は、アカザで作ったもの。アカザの杖は驚くほど丈夫で、驚くほど軽い。

ヨーロッパ原産のスマートな雑草

オオバコ科

ヘラオオバコ

Plantago lanceolata

見つけやすさ：★☆☆
花の美しさ：★☆☆
しつこさ：★☆☆

■漢字名：箆大葉子
■別名：イギリスオオバコ
■多年草
■英名：buckhorn plantain、ribgrass、ribwort, common plantain、ribwort plantain、English plantain
■花期：初夏
■生息地：空き地
■原産地：ヨーロッパ
■大きさ：高さ30～80cm程度
■分布：日本全土
■花言葉：惑わせないで、素直な心

葉が細長いことが名前の由来

ヨーロッパ原産の帰化植物。日本には江戸時代末期に、日本に牧畜が導入された際に、牧草種子に混じって侵入したと考えられている。

在来のオオバコ（60ページ）が葉が丸いのに対して、葉が「へら」のように細長いことが名前の由来。種小名のlanceolataも「細長な楕円形」の意味。

踏みつけには強くない

オオバコが道ばたの雑草であるのに対して、ヘラオオバコは公園や空き地に見られる。道ばたでは、法面の芝生などに見られる。

ヘラオオバコは、ヨーロッパでは牧草地に見られる雑草。そのため、草刈りに対して耐性がある。

しかし、オオバコが踏みつけに強いのに対して、ヘラオオバコは踏みつけには強くない。

輪になって咲く花

オオバコよりも花がよく目立つ。ただし、風で花粉を運ぶ風媒花なので、昆虫を呼び寄せるための花びらはない。穂のまわりに見える白い輪は、長くのびた雄しべである。

スコットランドの薬草

スコットランドでは古くから薬草とされていた。ヘラオオバコの葉をつぶした汁を傷口に塗ると効果がある。また、根は去痰薬となる。

詩歌に詠まれる妖艶な花

アカバナ科

メマツヨイグサ

Oenothera biennis

見つけやすさ：★☆☆
花の美しさ：★★★
しつこさ：★☆☆

■漢字名：月見草、待宵草
■越年草
■英名：cutleaf evening primrose
■花期：夏
■生息地：空き地
■原産地：南アメリカ
■大きさ：高さ20～50cm程度
■分布：日本全土
■花言葉：ほのかな恋、
浴後の美人、
うつろいやすさ

「富士には月見草がよく似合う」

別名は月見草。「富士には月見草がよく似合ふ」と太宰治が富嶽百景に記した月見草は、マツヨイグサの仲間のオオマツヨイグサだったとされている。野村克也氏の代名詞の「月見草」もおそらくマツヨイグサのこと。

花が開く様子が見える

マツヨイグサの仲間は夕暮れになると咲き始める。ゆっくりと花が開く様子は肉眼で観察できる。鮮やかな黄色い蛍光色の花は、暗い闇の中で目立たせるためのもの。夜間に咲く花には、スズメガというガが訪れる。さらに、スズメガを呼び寄せるために、花はワインに似た強い香りがする。

雄しべを触ると、花粉が粘着糸でつながって次から次へと出てくる。スズメガの体に花粉がついたら、すべて運ばせる工夫である。

マツヨイグサの変遷

マツヨイグサの仲間はすべてアメリカ大陸からの帰化植物。江戸時代にマツヨイグサが日本に渡来し、明治時代にオオマツヨイグサが帰化した。しかし最近では、都会を中心に、その後、帰化したコマツヨイグサやメマツヨイグサに取って代わられている。マツヨイグサは花がしぼむと赤くなるのが特徴。

コマツヨイグサ

昼間に咲くのになぜか「月見草」？

アカバナ科

ヒルザキツキミソウ

Oenothera speciosa

見つけやすさ：★★☆
花の美しさ：★★★
しつこさ：★★★

■漢字名：昼咲月見草
■多年草
■英名：Mexican primrose
■花期：初夏
■生息地：道ばた、空き地
■原産地：北アメリカ
■大きさ：高さ30～50cm程度
■分布：日本全土
■花言葉：固く結ばれた愛

昼に咲く月見草

「昼に咲くのに月見草」という何とも奇妙な名前を持っている。月見草はメマツヨイグサ（90ページ）の別名。ヒルザキツキミソウはマツヨイグサの仲間だが、マツヨイグサが夕方から夜にかけて咲くのに対して、昼間に咲いていることから、名付けられた。

学名は美しい

種小名のspeciosaはラテン語で、「美しい」という意味。その名のとおり、ピンク色の花はかわいらしく美しいため、人気である。大正時代に園芸植物として北米から導入されたが、繁殖力が旺盛なので、逃げ出して野生化した。

「固く結ばれた愛」の花言葉も素敵である。

栽培が簡単な雑草

雑草の中では花が美しいので、栽培する人も多い。丈夫で乾燥や病害虫にも強いため、栽培は容易である。庭や花壇などで栽培されている様子も、よく見かける。

どこにでも勝手に生えてくる雑草も、いざ育てようとすると意外に難しいが、ヒルザキツキミソウは雑草の中では栽培しやすい。

蜜泥棒は許さない

足の長いチョウは、花粉を体につけずに蜜を吸うことができる。しかし、ヒルザキツキミソウは雄しべが長いため、チョウの体にもしっかり花粉をつけて運ばせる。

可憐な名前で急増中

アカバナ科

アカバナユウゲショウ

Oenothera rosea

見つけやすさ：★★☆
花の美しさ：★★★
しつこさ：★★☆

■漢字名：赤花夕化粧
■別名：夕化粧
■多年草
■英名：rose evening-primrose
■花期：初夏
■生息地：道ばた、空き地
■原産地：北アメリカ南部～南アメリカ
■大きさ：高さ20～60cm程度
■分布：関東以西
■花言葉：臆病

もともとは園芸植物

ヒルザキツキミソウ（92ページ）と同じくマツヨイグサの仲間である。北米から南米を原産地とする帰化植物。

明治時代に園芸植物として導入されたが、逃げ出して野生化した。不思議なことに、近年になって急速に分布を拡大し、濃いピンク色の花が各地でよく目立つようになってきている。

本当は昼間咲く

「夕化粧」の名は、夕方から咲くという意味。艶っぽいピンク色の花は夕化粧の名前がふさわしい。ただし、実際には夕方ではなく昼間から咲いている。

ただし、「夕化粧」はオシロイバナの別名でもある。オシロイバナは夕方に咲いて、おしろいのような香りを漂わせる。また、種子をつぶすと白い粉が出てくることから、子どもたちはこの粉をおしろいに見立てて化粧遊びを楽しんだ。

本種はオシロイバナとはまったく別種であることから、オシロイバナの別名と区別するために、アカバナユウゲショウと呼ばれている。

白花でもアカバナ

ピンク色の花が特徴的だが、たまに白花もある。ただし、白花であっても、名前は「アカバナユウゲショウ」のままである。

野菜としても売られる
どこにでもある雑草

スベリヒユ科

スベリヒユ

Portulaca oleracea

見つけやすさ：★★☆
花の美しさ：★★☆
しつこさ：★★★

■漢字名：滑り莧
■別名：ひでり草、のんべえ草、よっぱらい草
■一年草
■英名：common Purslane
■花期：夏
■生息地：道ばた、空き地
■原産地：日本在来（原産地は不明）
■大きさ：地面を這う。高さは15～30cm程度
■分布：日本全土
■花言葉：いつも元気、無邪気

おいしい雑草

スベリヒユは、ヒユの仲間ではないが、食べたときの味がヒユに似ていることから名付けられた。えぐ味がなく昔からおいしい雑草として有名。葉が多肉質で足で踏むと滑ることから、「滑りヒユ」となった。

スベリヒユでゲン担ぎ

山形県では昔から「ひょう」と呼び、辛子和えにしたり、干したものを煮物にしたりする。「スベリヒユ」の名は、受験生には禁句のような気もするが、山形では「すべらん草」と呼ばれ、受験生のゲン担ぎになっている。

万葉の時代は縁起物

昼間に気孔を閉じて蒸散を防ぐサボテンと同じ仕組みを持っている。また、粘着物質を含むことから、乾燥に強い。

生命力が強く、いつまでも緑色を保つことから、万葉の時代には「祝い蔓」と呼ばれ、縁起物として軒先に飾られた。

学名は小さい帽子

属名の Portulaca は、「小さい帽子」という意味。果実が熟すと、横にぱっかりと割れて、帽子を脱ぐかのように上半分がとれて種子が現れる。

豚呼ばわりは誤解だった

キク科

ブタクサ

Ambrosia artemisiifolia

見つけやすさ：★☆☆
花の美しさ：★☆☆
しつこさ：★★☆

■漢字名：豚草
■一年草
■英名：rag weed
■花期：夏～秋
■生息地：空き地
■原産地：北アメリカ
■大きさ：高さ30～100cm程度
■分布：日本全土
■花言葉：幸せな恋

名前の由来

ブタクサは「豚草」である。英名はragweedで直訳すると「ぼろ草」。葉の切れ込みが深い様子がragged（ぼろぼろの、ギザギザの）であることから名付けられた。ところが、日本語では頭状花を持つキク科の雑草の総称であるhogweedが直訳されて豚草となった。hogweedは「豚が食べる」という意味。

花粉症の原因

日本での花粉症の原因植物は、スギ、ヒノキ、二位がイネ科雑草、ブタクサなどで、いずれも、風で花粉を運ぶ風媒花。風まかせでの受粉の確率は低いため、膨大な花粉をばらまき、花粉症の原因となる。日本で最初に報告された花粉症はブタクサによるものだった。

マッカーサーの置き土産

花粉症の原因として迷惑な雑草だが、花言葉はなぜか「幸せな恋」。ブタクサは北米原産の帰化植物。明治に帰化したが戦後に急速に広がったため、「マッカーサーの置き土産」とも言われている。

同じ仲間の巨人

同じ仲間のオオブタクサは、大きなものでは六メートルにもなる巨大な雑草で同じく戦後に広がった。ブタクサの葉が切れ込みがあるのに対して、オオブタクサは桑の葉に似ていることからクワモドキの別名がある。

犬呼ばわりされる夏の雑草

ナス科
イヌホオズキ
Solanum nigrum

見つけやすさ：★★☆
花の美しさ：★★☆
し つ こ さ：★★☆

■漢字名：犬酸漿
■別名：バカナス
■一年草
■英名：black nightshade
■花期：夏～秋
■生息地：空き地、畑
■原産地：日本在来
■大きさ：高さ30～60cm程度
■分布：日本全土
■花言葉：嘘つき

「イヌ」は役に立たない

「犬死」「犬侍」のように、役に立たないものは「犬」と呼ばれる。植物にも「イヌ」とつくものは多いが、有用な植物に似ているが役に立たない、という意味である。イヌホオズキは、ホオズキに似ているが役に立たないという意味。麦に対してイヌムギ、ヒエに対してイヌビエ（158ページ）、ヒユに対するイヌビユ（84ページ）、タデに対してイヌタデ（156ページ）などがある。

花言葉は「嘘つき」

イヌホオズキは、葉や花はホオズキに似ているが、ホオズキはがくが発達して袋状になった実を成らせるが、イヌホオズキの実は袋状にならず小さい。そのためか、イヌホオズキの花言葉は「嘘つき」。ちなみにホオズキも、実のまわりに皮がふくらんでいて大きく見せかけているので、花言葉は「偽り」。

「汝を呪う」毒草

イヌホオズキは古い時代に日本に入ってきた。一方、最近帰化したアメリカイヌホオズキもある。

アメリカイヌホオズキは、花枝が一カ所から多く出る点や、花が稀に淡紫色である点で区別されるが、両種の区別は難しい。アメリカイヌホオズキの花言葉は「汝を呪う」。ナス科の植物は毒で身を守るものが多い。イヌホオズキ類も身近な雑草の中では数少ない毒草の一つ。

名前のとおりのやっかいさ

ナス科

ワルナスビ

Solanum carolinense

見つけやすさ：★☆☆
花の美しさ：★★★
しつこさ：★★★

■漢字名：悪茄子
■別名：鬼なすび、のはらなすび
■多年草
■英名：Carolina horsenettle
■花期：夏～秋
■生息地：空き地、畑
■原産地：北アメリカ
■大きさ：高さ40～70cm程度
■分布：日本全土
■花言葉：いたずら

いかにも悪者の名前

その名も「悪なすび」。いかにも悪そうな名前の雑草である。命名者は植物学者として著名な牧野富太郎博士。鋭いトゲがあるので、軍手をして草むしりをしていても、痛い思いをさせられる。

根絶が難しい

その名のとおり、始末に負えない雑草である。イヌホオズキ（100ページ）と同じ仲間で、全草に毒があるので、牧草に混ざると家畜が中毒を起こしてしまう。

地面の下に地下茎を這わせて増えるので、除草剤も効きにくく、草刈りをしても、すぐに芽を出してくる。また、トラクターで耕せば、地下茎がちぎれちぎれになった断片が再生し、かえって増えてしまう。また、土の中に眠る種子の寿命は一〇〇年以上とされており、根絶は難しい。

英語では馬のイラクサ

北米原産の帰化植物。明治時代に牧草に混じって日本に侵入した。

英名はhorsenettle。これは「馬のイラクサ」という意味。イラクサは、刺があり、刺さると「イライラする」の語源となった植物。ワルナスビはイラクサの仲間ではないが、刺《とげ》がやっかいなことから名付けられた。毒があるので、Devil's tomato（悪魔のトマト）の別名もある。

知らない間に忍び込む

マメ科

ヌスビトハギ

Desmodium podocarpum (Desmodium paniculatum)

見つけやすさ：★★☆
花の美しさ：★★☆
しつこさ：★★☆

■漢字名：盗人萩（荒地盗人萩）
■別名：泥棒萩、盗っ人萩
■多年草
■英名：tick clover、
tick-trefoil
■花期：夏～秋
■生息地：空き地、道ばた
■原産地：日本在来
■大きさ：高さ60～100cm程度
■分布：日本全土
■花言葉：略奪愛

＊写真はよく見られるアレチヌスビトハギ。カッコ内も

盗人の足跡

泥棒は足音を立てないように、足の裏の外側だけを地面につけるように歩いたという。内側がへこんだ実の形が泥棒の、抜き足差し足で忍び込む足跡に見えることから、「盗人萩」と名付けられた。知らぬ間に、こっそりとくっついていることから名付けられたという説もある。

衣服によりくっつく

実の表面は触れるとざらつくが、これは細かな鉤が並んでいるためで、これによって衣服などによくくっついてくる。しくみはオナモミ（176ページ）と同じ面ファスナー式のひっつき虫である。

くっつく実はマメ科のサヤ

属名の Desmodium は、「鎖の構造」に由来する。豆のさやのような実が、鎖のように見えることから。英名の tick clover は「ダニのようにくっつくマメ科植物」という意味。

広がる外来種

在来種のヌスビトハギは、実の数が二つなのに対して、北米原産の帰化植物であるアレチヌスビトハギは四～六つなので見分けやすい。

最近ではヌスビトハギは減少し、外来種のアレチヌスビトハギが増加している。

第3章

公園の雑草

管理の行き届いた公園でも、雑草は巧みに生き抜いている。

公園の植え込みや生垣からは、つるで伸びる雑草が頭を出している。また、つるで伸びるわけでもないのに、ひょろひょろともやしのように長く茎を伸ばして植え込みの上に頭をのぞかせている雑草もある。

短く刈り込まれた芝生の中も、よく見ると背丈の低い雑草が紛れ込んでいる。本当は大きくなれるのに、草刈りの高さに合わせて低い位置で花を咲かせたり、地面に這いつくばうように横に茎を伸ばしている様子が見られるのも面白い。

こうして人間の管理に合わせて姿形を変化させることができるのが雑草の能力の一

つなのだ。
一方、里山の環境に近い木陰には、道ばたや空き地などの過酷な環境には生えることができないような雑草の姿を見ることができる。また、池のほとりには、水辺に生える雑草も多く見られる。

キク科

フキ

Petasites japonicus

見つけやすさ：★☆☆
花の美しさ：★☆☆
しつこさ：★☆☆

■漢字名：蕗
■多年草
■英名：giant butterbur
■花期：春
■生息地：公園、野山、道ばた、土手
■原産地：日本在来
■大きさ：高さ30〜80cm
■分布：日本全土
■花言葉：待望、愛嬌、真実は一つ、仲間

都会にも見られる山菜

春の山菜として知られるフキだが、街中の公園や、道ばたなどにも雑草として見られる。

フキの語源はさまざまな説があるが、一説によると、葉がやわらかくお尻を拭くのに利用したことから、「拭き」に由来するとも言われている。

オスの株とメスの株がある

フキの若い花芽が「フキノトウ」である。フキノトウにはオスの株とメスの株とがある。メスの株は白っぽい花を咲かせるのに対して、オスの株は花粉をつけるため、やや黄色がかった花を咲かせるので区別ができる。

やがて花が咲き終わると、メスの株だけが、茎を伸ばす。これは、風に乗せて種子を遠くへ飛ばすためである。

雨水を根元に集める

フキの葉は、円の一部が切れ込んだハート形をしている。皿状になった葉に降った雨水は、葉の切れ込みから、葉柄を伝って下に流れていく。こうして葉に降り注いだ雨水を株の根元に集めるようになっている。

コロポックルがすむ葉っぱ

アイヌの民話に登場するコロポックルは、アイヌ語で「フキの下の住人」という意味。ただし、北海道や東北の、長さが二メートルもあるような大型の秋田フキと呼ばれる種類。

ユリ科

ノビル

Allium macrostemon

見つけやすさ：★☆☆
花の美しさ：★☆☆
しつこさ：★☆☆

■漢字名：野蒜
■別名：蒜《ひる》、玉蒜、ねびる、ぬびる、蒜な
■多年草
■英名：wild garlic
■花期：春
■生息地：公園、野山、土手、道ばた
■原産地：日本在来
■大きさ：高さ30～60cm程度
■分布：日本全土
■花言葉：高まり、喜び

都会の真ん中の春の野草

ノビルは生のままあぶったり、ゆがいたりして、味噌をつけて食べるととてもおいしい。日本酒にはぴったりである。

春の野草のイメージの強いノビルだが、意外なことに都会の真ん中でも道ばたや公園などあらゆるところに生えている。なかなかたくましい雑草である。

辛くてひりひりする

ノビルは野に生える蒜《ひる》という意味である。蒜は「辛くてひりひりする」ことに由来し、ネギやアサツキなどにおいのあるネギ属の野菜を意味する古い言葉である。ちなみににおいの強いニンニクは古名を「大蒜《おおひる》」という。

お寺には進入禁止

禅寺などの門前の戒壇石に「不許葷《くん》酒入山門」（葷酒山門に入るを許さず）と書かれていることがある。葷菜とは葷菜と酒のことである。そして葷菜というのがネギ、ニンニク、ニラ、ノビル、ラッキョウのにおいの強い五種のネギ属の植物である。

変幻自在な繁殖戦略

花を咲かせて種子を残すが、花を咲かせずに花の基が変化して、むかごをつけることもある。

頻繁に草刈りが行われる場所では、花を咲かせて種子をつける時間がないため、むかごだけをつける個体が多い。

外国産に負けない
メイドインジャパンの戦略

キク科

ニホンタンポポ

Taraxacum platycarpum

見つけやすさ：★★☆
花の美しさ：★★★
しつこさ：★☆☆

■漢字名：日本蒲公英
■別名：（タンポポ類の別名として）ぐじ菜、くじ菜、薬菜、むじ菜、田菜、鼓草、鼓花、乳草
■多年草
■英名：dandelion
■花期：春
■生息地：道ばた、公園、野原
■原産地：日本在来
■大きさ：高さ10～30cm程度
■分布：日本全土
■花言葉：愛の神託、真心の愛、明朗な歌声、別離

日本原産のタンポポ

セイヨウタンポポ（36ページ）が外国から伝来した帰化種であるのに対して、ニホンタンポポは日本原産の在来種。地域によって、エゾタンポポ、カントウタンポポ、シナノタンポポ、トウカイタンポポ、カンサイタンポポなどの種類がある。ニホンタンポポは、これらのタンポポの総称。

セイヨウタンポポとの区別点

日本原産のニホンタンポポと外来のセイヨウタンポポの区別点は、花の下の総包片《そうほうへん》。セイヨウタンポポは総包片が反り返るのに対して、ニホンタンポポは反り返らない。

江戸時代は園芸に

江戸時代の園芸ブームの中で、タンポポも園芸化され、多くの品種が作られた。中には桃色のタンポポもあったという。残念ながら現在ではそれらの品種は消失している。

夏に眠る生存戦略

ニホンタンポポは春に花が咲くと、夏には葉を枯らして根だけで夏を越す。これは大きな草が繁茂し被陰されてしまうため。

セイヨウタンポポは、一年中葉を茂らせて花を咲かせるため、植物が生い茂る自然豊かな場所では生存できない。つまり、セイヨウタンポポが増えているのは、自然が破壊されているためである。

ヨーロッパ原産の小さな踊り子

シソ科

ヒメオドリコソウ

Lamium purpureum

見つけやすさ：★★☆
花の美しさ：★★☆
しつこさ：★☆☆

■漢字名：姫踊り子草
■一年草
■英名：red deadnettle、purple deadnettle
■花期：春
■生息地：道ばた、公園
■原産地：ヨーロッパ
■大きさ：高さ10～40cm程度
■分布：日本全土
■花言葉：愛嬌

秘密のハナシ

ホトケノザに似ている

ホトケノザ（20ページ）に似ているが、ヒメオドリコソウは、葉が三角形で先端がとがっている。また、植物体の上部の葉が赤紫色に染まっている点で区別ができる。

シソ科で茎は四角形

シソ科は、茎の断面が丸ではなく、四角いのが特徴。ホトケノザやヒメオドリコソウは、シソ科の雑草なので茎が四角い。

原産地はヨーロッパ

ヒメオドリコソウは、ヨーロッパ原産の帰化雑草。日本には明治時代に侵入した。現在では北アメリカやアジアに広く分布している。

在来のオドリコソウよりも小型なため「姫」とつけられた。ヒメオドリコソウは道ばたなどに見られるのに対して、オドリコソウは山野に見られる。オドリコソウは、美しい花が、編笠をかぶった踊り子がぐるりと輪になって踊っているように見えることから名付けられた。ヒメオドリコソウとはあまり似ていない。

繁殖戦略はホトケノザと同じ

ホトケノザと同じように夏になると花を咲かせない「閉鎖花」をつける。

また、ヒメオドリコソウやホトケノザの種子には、スミレと同じようにアリの餌となるエライオソームがあり、アリが種を運ぶ。

触ったらやみつきになる感触

ナデシコ科

オランダミミナグサ

Cerastium glomeratum

見つけやすさ：★☆☆
花の美しさ：★★☆
しつこさ：★☆☆

■漢字名：和蘭耳菜草
■別名：青耳菜草
■越年草
■英名：sticky chickweed、clammy mouse-ear chickweed
■花期：春
■生息地：道ばた、公園
■原産地：ヨーロッパ
■大きさ：高さ10～60cm程度
■分布：日本全土
■花言葉：聞き上手、純真

耳たぶのような感触

花はハコベに似ているが、葉に毛が密生しているところで区別できる。

厚くふくらみ、産毛のような毛がいっぱい生えている葉が、ネズミの耳のように見えることから「耳菜草」と名付けられた。

葉をさわると、まるで耳たぶをさわっているような感触である。

明治時代に侵入

オランダから来たかどうかはわからないが、オランダミミナグサというその名のとおり、ヨーロッパ原産の外来雑草である。日本には、明治時代に侵入した。

外来のオランダミミナグサに対して、在来のミミナグサがあったが、最近では山間地にひっそりと見られるのみで、ほとんど見られない。

ミミナグサ

『枕草子』に登場

在来のミミナグサは、清少納言の『枕草子』にも登場している。

子どもが見慣れない草を取ってきたので、清少納言が「何という草か」と問うと、答えられないのか、話が通じていないように黙っている。誰かが、「耳菜草」と教えると、清少納言は「なるほど、耳がない耳無し草だから聞こえないのか」と笑ったという。

蜜を使った意外な戦略

マメ科

カラスノエンドウ

Vicia sativa

見つけやすさ：★★★
花の美しさ：★★☆
しつこさ：★★☆

■漢字名：烏野豌豆
■別名：矢筈豌豆、野豌豆、ピーピー豆
■越年草
■英名：narrow-leaved vetch
■花期：春
■生息地：道ばた、公園
■原産地：日本在来（地中海原産）
■大きさ：高さ30～100cm程度
■分布：本州以南
■花言葉：絆、小さな恋人達、
喜びの訪れ、必ず来る幸福、
未来の幸せ、永遠の悲しみ

葉の付け根から蜜を出す

カラスノエンドウは花の付け根に「花外蜜腺」という器官を持ち、蜜を出す。この蜜で呼び寄せられたアリは蜜腺を守るために、他の虫を追い払う。こうしてカラスノエンドウは害虫から身を守ろうとしている。

じつはソラマメの仲間

エンドウと呼ばれているが、エンドウではなく、ソラマメの仲間。ちなみにソラマメもカラスノエンドウと同じように花外蜜腺を持つ。カラスノエンドウは地中海周辺で、古代には栽培されていたと考えられている。

カラスとの関係？

「カラスの豌豆」と思われがちだが、実際は「野に生える豌豆」の意味で「野豌豆」である。熟した莢《さや》が、真っ黒になることから、カラスと名付けられている。

同じ仲間にはスズメも

カラスノエンドウの仲間には、小型のスズメノエンドウもある。これは、カラスノエンドウよりも小さいことから名付けられた。スズメノエンドウは花が白っぽい。

この二種の中間くらいの大きさにある植物は、カラスとスズメの間という意味で「カスマグサ（カス間草）」と名付けられた。カスマグサは紫色の筋が入った白い花を咲かせる。

かわいい実は
まずくて食べられない

バラ科

ヘビイチゴ

Potentilla hebiichigo

見つけやすさ：★☆☆
花の美しさ：★★☆
しつこさ：★★☆

■漢字名：蛇苺
■別名：毒いちご、
くちなわいちご
■多年草
■英名：false strawberry
■花期：春～初夏
■生息地：田んぼの畦、
野原、公園
■原産地：日本在来
■大きさ：高さ10cm程度
■分布：日本全土
■花言葉：可憐、
小悪魔のような魅力

都会に見られる春の田園風景

日当たりの良いやや湿った場所を好み、田んぼの畦などによく見られるが、都会の公園などでも見ることができる。

ヘビが食べる苺

かわいらしい花や実に似合わずこわい名前がつけられている。名前の由来は不明。食用にならないため、ヘビが食べるイチゴという意味とも言われる。毒いちごの別名もあり、毒があり食べられないとも言われている。ただし味はないが、毒があるわけではない。

他にもヘビがいそうなところに生えていることや、イチゴを食べに来た小動物をヘビが狙うことから、などの説もある。

イチゴのようでイチゴではない

イチゴはイチゴ属の植物であるが、ヘビイチゴはヘビイチゴ属の植物。イチゴは花が白いが、ヘビイチゴの花は黄色い色をしている。

春は黄色い花が多い

ヘビイチゴに代表されるように、春の野の花は黄色い色をしているものが多い。気温の低い春先に行動をするアブの仲間は黄色い色を好むからである。ただし、花を選んで花粉を運ぶミツバチと異なり、アブの仲間は花を選ぶことはない。そのため、種類の異なる他の花に花粉を運ばれないように、早春の黄色い花は距離を置かずに集まって咲く。春に咲く花が花畑を作るのはそのためである。

幸せのシンボルは踏まれて育つ

マメ科

シロツメクサ

Trifolium repens

見つけやすさ：★★★
花の美しさ：★★★
しつこさ：★★★

■漢字名：白詰草
■別名：クローバー、白クローバー、馬肥し
■多年草
■英名：white clover
■花期：春～夏
■生息地：公園、道ばた
■原産地：ヨーロッパ
■大きさ：高さ5～15cm程度
■分布：日本全土
■花言葉：約束、復讐、私を思って

幸せの四つ葉のクローバー

属名の Trifolium は、「三つ葉」という意味。シロツメクサは三つ葉だが、ときどき四つ葉がある。これが幸せのシンボル「四つ葉のクローバー」である。

四つ葉は十字架に見立てられ、セント・パトリックがクローバーの三葉を愛・希望・信仰の三位一体にたとえ、四枚目を幸福と説いたことに由来する。四つ葉のクローバーは、JRのグリーン車のマークにもなっている。

「幸せ」は踏まれて育つ

四つ葉の発生は、突然変異の他にも、踏まれることによって成長点が傷つく奇形の場合もある。そのため、よく踏まれる場所で四つ葉は見つかりやすい。幸せは踏まれて育つということか。

ガラス製品とともに日本に

鳥の爪に似たツメクサ（64ページ）に対して、シロツメクサは「詰め草」と書く。江戸時代にオランダからガラス製品を持ち込むときに、割れないように緩衝材として詰められていたことから「詰め草」。明治になると牧草として導入され、広がった。

トランプのクローバーは？

ヘラクレスが持っていた、三つのこぶのある棍棒に似ていることから、ラテン語で棍棒を表す clava が語源。トランプのクラブもこの棍棒に由来する。

牧草出身の赤いクローバー

マメ科

アカツメクサ

Trifolium pratense

見つけやすさ：★☆☆
花の美しさ：★★★
しつこさ：★☆☆

■漢字名：赤詰草
■別名：ムラサキツメクサ、赤クローバー
■多年草
■英名：red clover
■花期：春～夏
■生息地：公園
■原産地：ヨーロッパ
■大きさ：高さ30～60cm程度
■分布：日本全土
■花言葉：勤勉、実直、善良で陽気、豊かな愛

牧草として導入

アカツメクサはシロツメクサとともに、明治時代に牧草として日本に導入された。シロツメクサが茎を横に這わせて広がっていくのに対し、アカツメクサは株を作り、立ち上がる。シロツメクサよりも葉がやや大きめで、尖っているのも特徴。

デンマークの国花

シロツメクサはアイルランドの国花。一方のアカツメクサはデンマークの国花。また、アカツメクサはアメリカのバーモント州の州花にも指定されている。

牧草におけるクローバー

属名のTrifoliumは、シロツメクサと同じく「三つ葉」の意。種小名のpratenseは「牧場に見られる」の意のラテン語である。

風が吹けば桶屋が儲かる

思いも掛けないものが関係していることを表して「風が吹けば桶屋が儲かる」という諺がある。生態系のつながりを説明するために、ダーウィンは『種の起源』の中でアカツメクサを例に「野良猫が多い村では、クローバーがよく茂る」と書いた。「野良猫がネズミを襲うと、ネズミに襲われていたマルハナバチが増えて、受粉によりクローバーが増える」というもの。

ヨーロッパではメジャーな目立たない雑草

マメ科

コメツブツメクサ

Trifolium dubium

見つけやすさ：★☆☆
花の美しさ：★★☆
しつこさ：★★☆

■漢字名：米粒詰草
■別名：黄花詰草、小米詰草
■一年草
■英名：suckling clover、lesser trefoil
■花期：初夏～秋
■生息地：公園、道ばた、空き地
■原産地：ヨーロッパ～西アジア
■大きさ：高さ20～40cm程度
■分布：日本全土
■花言葉：お米を食べましょう、小さな恋人

小さな小さな詰草

コメツブツメクサは「米粒詰草」で、シロツメクサに似ているが、小さいことから名付けられた。白詰草（122ページ）、赤詰草（124ページ）に対して、黄色いので「黄花詰草」の別名もある。

本物はどれだ？

アイルランドの象徴とされるシャムロックは、クローバーや、ウマゴヤシ、カタバミなど葉が三つに分かれている植物の総称。

シロツメクサで紹介したセント・パトリックが三位一体にたとえた植物がどの植物を指すのかははっきりしないが、アイルランドの人々がシャムロックと聞いたときには、シロツメクサよりも、コメツブツメクサを思い浮かべる人が多いとされている。

良く似た近縁種との区別点

コメツブツメクサと同じような場所に生えていて良く似た植物にコメツブウマゴヤシがある。両種ともヨーロッパ原産の帰化植物で、コメツブウマゴヤシは江戸時代に帰化したのに対して、本種は昭和初期に帰化した。

コメツブツメクサは咲き終わった後も花が落ちずに垂れ下がり、くす玉のような実をつけるのに対して、コメツブウマゴヤシは、花が落ちて、黒い実がブドウのようにつく。

また戦後に帰化し、分布を広げつつある種類には、花序が大きく薬玉のようになるクスダマツメクサがある。

恐ろしい別名の
ありがたい意味

シソ科

キランソウ

Ajuga decumbens

見つけやすさ：★☆☆
花の美しさ：★★☆
しつこさ：★☆☆

■漢字名：金瘡小草
■別名：地獄の釜の蓋、弘法草、
医者殺し
■多年草
■英名：creeping bugleweed
■花期：春～初夏
■生息地：道ばた、空き地、公園
■原産地：日本在来
■大きさ：高さ5cm程度
■分布：北海道を除く日本全土
■花言葉：あなたを待っています、
追憶の日々、健康をあなたに

地獄の釜のふた

かわいらしく美しい花を咲かせるキランソウの別名は「地獄の釜の蓋」。地面に張り付くように放射状に広げた葉が、地面に閉じた「地獄の釜の蓋」に見立てられた。恐ろしい名前の由来は、さまざまな病気に対して薬効があるため、地獄に行く道にふたをして、蘇生させてしまうというありがたい意味が由来。医者が必要ないので「医者殺し」の別名もある。

刀傷も治す

漢名では「金瘡小草」という。金瘡とは刀傷のこと。キランソウの葉を塗りつぶして塗ると、切り傷や腫れ物に効果があることから名付けられた。

学名は「束縛されない」

キランソウの名前の由来ははっきりしない。一説には、「キ」が紫の古語で、「ラン」は藍色を意味し、花の色から「紫藍色」に由来するとも言われている。また、茎を伸ばして地面に群生する様子が織物の金襴に似ていることから「金襴草」と名付けられたという説もある。属名のAjugaは「束縛されない」という意味で四方に茎が広がることに由来。

ジュウニヒトエと近縁

林の中に咲くジュウニヒトエも同じ仲間で、ジュウニヒトエとキランソウとの間には自然交雑による雑種ができる。

「生い茂る」が名前の由来の春の雑草

アカネ科

ヤエムグラ

Galium spurium

見つけやすさ：★☆☆
花の美しさ：★☆☆
しつこさ：★★☆

■漢字名：八重葎
■別名：勲章草
■一年草、越年草
■英名：false cleavers、stickywilly
■花期：春
■生息地：公園、道ばた
■原産地：日本在来
■大きさ：高さ30～60cm程度
■分布：日本全土
■花言葉：拮抗

名前は生い茂る雑草

「ムグラ」は漢字では「葎」と書き、生い茂る雑草を意味する。ヤエムグラは「八重葎」で、幾重にもおい重なって茂る様子から名付けられた。ヤエムグラは八枚ほどの葉が茎のまわりにつき、輪生する葉が特徴。

トゲでくっつく

ヤエムグラは別名を「勲章草」ともいう。茎や葉に下向きに小さなトゲがあるため、服にくっつく。そのため、子どもたちは茎や葉を服にくっつけて勲章に見立てて遊んだのである。

ヤエムグラの茎は細くやわらかいため、自立することができないが、このトゲで他の植物に寄りかかって伸びてゆく。寄りかかる植物がなくなれば、ヤエムグラどうしが絡みあいながら藪を形成する。その様子は、まさに「八重葎」の名にふさわしい。

果実にもかぎ状の毛が生えていて衣服にくっついて運ばれる。

百人一首は別の植物

「八重むぐら しげれる宿の さびしきに 人こそ見えね 秋は来にけり」(恵慶法師)

百人一首に詠われているのは、ヤエムグラではなく、現在の図鑑ではカナムグラという別種。ヤエムグラは春から夏にかけては生い茂るが、歌が詠まれた秋には枯れてしまう。

昔は子どもたちの
おやつだった

タデ科

スイバ

Rumex acetosa

見つけやすさ：★★☆
花の美しさ：★★☆
しつこさ：★☆☆

■漢字名：酸い葉
■別名：すかんぽ、すかんぼ
■多年草
■英名：common sorrel
■花期：初夏
■生息地：空き地、公園
■原産地：日本在来
■大きさ：高さ30～100cm程度
■分布：日本全土
■花言葉：情愛、親愛の情、博愛

葉っぱは酸っぱい

スイバの名は「酸い葉」に由来している。スイバはシュウ酸を含むために噛むとすっぱくて、昔は子どもたちのおやつだった。子どもたちの呼び名である「すかんぽ」は、茎をポンと折って食べると酸っぱいことから。

ヨーロッパではソレルと呼ばれ、野菜として食べられる。

オスの株とメスの株がある

植物は、一般に一つの個体の中に、雄と雌とがある。

ところが、植物の四％は、雄の株と雌の株がある雌雄異株である。スイバも雄花のみを咲かせる雄株と雌花のみを咲かせる雌株とがある植物の一つである。

雄株にある雄花は、大きな雄しべがぶら下がっていて、風に揺れながら花粉を飛ばす。一方、雌株の雌花は花粉を受け止めるために細く分かれてもじゃもじゃした感じの雌しべを花の外に出しているので区別できる。

性染色体がある

スイバは植物の中ではさらに珍しく性染色体がある。スイバの性染色体は、人間と同じようにＸＹ型があるが、性決定の仕組みは人間のようにＹ染色体によって決まるのではなく、Ｘ染色体と常染色体の比によって決まる。

植物の性染色体は日本の研究者によってスイバではじめて発見された。

一度、聞いたら
忘れられない名前

タデ科

ギシギシ

Rumex japonicus

見つけやすさ：★☆☆
花の美しさ：★☆☆
しつこさ：★★☆

■漢字名：羊蹄
■別名：いちし、しぶ草、うまのすかんこ、うしし一し一、うますかな、うまずいこ、しのね
■多年草
■英名：curly dock
■花期：初夏
■生息地：公園、道ばた、空き地
■原産地：日本在来
■大きさ：高さ40～100cm程度
■分布：日本全土
■花言葉：忍耐、隠れ話、抜け目のなさ、朗らか

覚えやすい奇妙な名前

一度、聞いたら忘れられない奇妙な名前であるが、名前の由来は不明。実がぎっしりと詰まってつくから、穂を振るとギシギシと音が鳴ることから、茎と茎をこするとギシギシ音が鳴ることから、などさまざまな説がある。京都の方言に由来すると言われている。

スイバとの区別点

公園や道ばたなどのやや湿った場所に生える。スイバ（132ページ）とよく似ているが、スイバは葉が赤みを帯びているのに対して、ギシギシは鮮やかな緑色をしている。また、葉を見るとスイバは葉の基部が矢じりの形をしているのに対して、ギシギシは基部が丸みを帯びている。また、スイバは茎の上部の葉が茎を抱くのに対して、ギシギシは茎を抱かないなどの区別点がある。

羊の蹄に似ている？

漢字では「羊蹄」。これは葉の形が羊の蹄に似ていることからとされている。ちなみに、「羊歯」と書くと、シダのこと。

外来種も増加中

ギシギシは在来種。葉が細長くて波を打つナガバギシギシや、葉が大きく中脈が赤みを帯びるエゾノギシギシなど、ヨーロッパ原産の帰化雑草もある。最近では、明治時代にヨーロッパから帰化したアレチギシギシもよく見られる。

小さな小さな
アヤメの仲間

アヤメ科

ニワゼキショウ

Sisyrinchium rosulatum

見つけやすさ：★★☆
花の美しさ：★★★
しつこさ：★★☆

■漢字名：庭石菖
■別名：南京あやめ、草あやめ
■多年草
■英名：annual blue eyed grass
■花期：初夏
■生息地：道ばた、空き地、公園
■原産地：北アメリカ
■大きさ：高さ10～20cm程度
■分布：日本全土
■花言葉：繁栄、豊富、豊かな感情、愛らしい人、きらめき

小さなアヤメ科の花

道ばたや公園の芝生などによく見られる。小さいながらアヤメ科の植物。花はアヤメとは似ても似つかないが、葉を見るとアヤメに似ている感じもある。

「庭石菖」の名は、サトイモ科のセキショウに葉が似ていることに由来している。

花を良く見ると、三枚の内花被と三枚の外花被からなる六枚の花びらがあり、アヤメの花と同じ構造をしている。

アヤメの花

北アメリカ原産の植物

北アメリカ原産の帰化植物。観賞用として持ち込まれたものや、雑草として侵入したものなど、多くの系統があるとされており、煩雑である。草丈が大きく淡青色の花を咲かせるオオニワゼキショウは、明治時代に園芸用に持ち込まれたものが野生化した。

オオニワゼキショウの花

かわいらしさも武器

淡い桃色の小さな花は日本人に好まれる。公園の芝生などでは、ニワゼキショウだけが刈られずに残されていることもある。雑草にとっては、かわいらしさも武器なのである。

芝生に生える
ランの仲間

ラン科

ネジバナ

Spiranthes sinensis

見つけやすさ：★☆☆
花の美しさ：★★★
しつこさ：★★☆

■漢字名：螺旋花
■別名：もじずり、ねじれ花、
ねじり花、ねじり草
■多年草
■英名：lady's tresse
■花期：春～秋
■生息地：公園、芝生
■原産地：日本在来
■大きさ：高さ10～40㎝程度
■分布：日本全土
■花言葉：思慕

かぶとのように重なった美しい花

公園の芝生などによく見られる。ネジバナは小さな雑草ながら、ランの仲間。白いレースのような花びらが下に一枚つき出ていて、それにかぶさるようにピンク色の花びらがかぶとのように重なった美しい花をしている。

ねじのように咲く

らせん状に咲く花がねじに見立てられて、「ねじ花」と呼ばれている。英名のlady's tresseは「女性の巻き毛」の意味。昆虫が訪れやすいように横向きに花を咲かせるが、一方向だけに花をたくさんつけると傾いてしまうため、万遍なく周囲に花をつけてバランスを保っている。

右巻きと左巻きがある

ネジの巻き方は右巻きだが、らせんの巻き方には、右巻きと左巻きとがある。場所にもよるが、右巻きと左巻きは、おおよそ同じくらいの割合で見られる。

接着剤で花粉を運ぶ

雄しべの先端には接着剤のついた花粉の塊が用意されている。この花粉の大きな塊を昆虫につけて一気に運ばせる。雌しべの先はさらに粘る鳥もちのようになっていて、接着剤で昆虫に着いた花粉の塊をちぎりとって受粉する。ネジバナは種子の数が多く、数十万個もの種子を作る。そのため、一気に花粉を運び、まとめて受粉する。

大判小判がザックザク

イネ科

コバンソウ

Briza maxima

見つけやすさ：★☆☆
花の美しさ：★★☆
しつこさ：★★☆

■漢字名：小判草
■別名：俵麦
■一年草
■英名：quaking grass、nodding-isabel
■花期：初夏
■生息地：道ばた、空き地、公園
■原産地：ヨーロッパ
■大きさ：高さ10～60cm程度
■分布：関東以南
■花言葉：興奮、思考は現実化する

小判がザクザク

穂に下がるユニークな形の小穂が、小判の形に見えることからコバンソウと名付けられた。緑色の穂も、枯れあがると黄金色に変わる。太陽が当たりキラキラと輝き、まさに小判のよう。ドライフラワーとしても人気。

もともとは観賞用

乾燥した場所を好み、公園や川の土手、砂浜などによく見られる。雨の少ない地中海原産で、明治時代観賞用として日本に持ち込まれたものが野生化した。

ゆらゆら揺れる

風に揺れる小判が印象的。英名のquaking grassは揺れる草という意味。nodding-isabel（うなずくイザベラ）の呼び名もある。属名のBrizaはギリシア語の「居眠りする人」に由来。

姫の小判は鈴のよう

同じ仲間にヒメコバンソウ（姫小判草）がある。小穂はとても小さく、残念ながら小判には見えない。たくさんの鈴が揺れているように見えるので、「鈴茅」の別名もある。

ヒメコバンソウ

都会に蔓延する
牧歌的風景

イネ科

カモガヤ

Dactylis glomerata

見つけやすさ：★☆☆
花の美しさ：★★☆
しつこさ：★★☆

■漢字名：鴨茅
■別名：絹糸草
■多年草
■英名：orchardgrass、
cock's-foot grass
■花期：初夏
■生息地：道ばた、空き地、公園
■原産地：ヨーロッパ～西アジア
■大きさ：高さ50～100cm程度
■分布：日本全土

都会の牧歌的風景

世界的に代表的な牧草である。牧草名のオーチャードグラスは果樹園の草という意味で、果樹園の下草に用いられたことから。

明治時代にアメリカから牧草として導入されたものが、野生化した。現在では、空き地や公園などさまざまな場所に見られ、都会の中に牧歌的な風景を演出している。

世界初の花粉症

カモガヤはイネ科花粉症の原因植物として知られている。世界ではじめて花粉症が報告されたのは、十九世紀初めに英国でのカモガヤによるもの。

指のような穂

イネ科雑草は区別が難しいが、カモガヤは穂の形が特徴的。属名はギリシャ語で指を意味するDactylusに由来し、種小名は「球状に集まった」という意味。学名のとおり、指のように分かれた穂の形が特徴的。

誤訳で名付けられた

穂の形がニワトリの足のように見えるので、「コックス・フット・グラス（ニワトリの足の草）」とも呼ばれている。ところが、コック（ニワトリ）をダック（カモ）と聞き間違えて、カモガヤと名付けられてしまった。

はかないイメージもじつはしたたか

ツユクサ科

ツユクサ

Commelina communis

見つけやすさ：★★★
花の美しさ：★★★
しつこさ：★★★

■漢字名：露草
■別名：帽子草、帽子花、鈴虫草、蜻蛉《とんぼ》草、蛍草
■一年草
■英名：day flower
■花期：夏
■生息地：公園、道ばた、畑
■原産地：日本在来
■大きさ：高さ30～50cm程度
■分布：日本全土
■花言葉：尊敬、小夜曲、なつかしい関係

何に見える？

複雑な形の花はさまざまなものに見立てられ、帽子草、鈴虫草、蜻蛉草、蛍草などの別名がある。ミッキーマウスや、ウルトラセブンのイカルス星人などに似ているという人も。

一枚の目立たない花びら

属名の Commelina はオランダの Commelin 家に由来。この一族は三人の植物学者がいたが、一名は早世し名を残せなかった。そのため二枚の目立つ花弁と、目立たない一枚の花弁をたとえて命名された。

露のようにはかない

朝に咲いて昼にはしぼんでしまう花は、古来より、朝露のようにはかないものとされた。しかし、二つ折りになった苞《ほう》と呼ばれる葉を開いてみるとたくさんのつぼみが用意されている。そして、その日限りの花を次々と出しては咲かせ、夏の間中いつまでも咲き続ける。けっしてはかない命ではない。

チームワークの良い雄しべ

ツユクサは三種類の雄しべがある。花の奥にあるX字型の雄しべは、鮮やかな黄色をしていてハチやアブを引きつけるが花粉はほとんどないオトリ。花の中央のY字型の雄しべは、引きつけた虫に花粉をつけるが、これもオトリ。花の前面に突き出た二本のO字型雄しべは、目立たない色をしていて、複雑な花に翻弄されている虫に花粉をつけてしまう。

美しい花もじつはくさい

ドクダミ科

ドクダミ

Houttuynia cordata

見つけやすさ：★★☆
花の美しさ：★★☆
しつこさ：★★☆

■漢字名：蕺草
■別名：十薬、どくだめ、魚腥草、地獄蕎麦、へぐさ、へびぐさ、てぐされ、地獄花
■一年草、多年草
■英名：fish mint、fish herb、fishwort、lizard tail、chameleon plant、heartleaf、bishop's weed
■花期：初夏
■生息地：公園、林内
■原産地：日本在来
■大きさ：高さ30～50cm程度
■分布：北海道を除く日本全土
■花言葉：白い追憶、野生

強い臭いは毒？　薬？

半日陰を好み、地下茎で増えて蔓延する。強い臭いが特徴。古名は「しぶき」。臭いが立ち込めることから「毒渋き」に由来する。

ドクダミの名は毒をためるという意味の「毒溜め」に由来するという説や、逆に毒を止めるという意味の「毒矯め」や痛みに効能があるという意味の「毒痛み」に由来するという説がある。強い臭いは毒に見られたり薬に見られた。別名の「十薬」は農耕馬に与えると十の薬効があることから。もちろん、人間にもさまざまな薬効がある。

英名は「トカゲのしっぽ」

臭いが強いことから、英名では「魚の草」という呼び方をする。また、花の中心の突き出た柱の部分を見立てて「トカゲのしっぽ」や、葉の色から「カメレオンプラント」、葉の形から「ハートリーフ」などの呼び名がある。

花びらは偽物

白い花びらのようなものは、じつは葉が変化したもの。花の中央部の柱の部分に花が集まって咲いており、葉が花びらの代わりをして、昆虫を引き寄せるが、くさい。

しかし、ドクダミは正常な生殖ができないため、花粉は必要とせず、セイヨウタンポポ（36ページ）と同じように、クローンの種子を作る。

しなやかに強い雑草の女王

イネ科

メヒシバ

Digitaria ciliaris

見つけやすさ：★★★
花の美しさ：★☆☆
しつこさ：★★★

■漢字名：雌日芝
■別名：はぐさ、相撲取り草、相撲草、地縛り、ひじわ、めひじわ、はたかり
■一年草
■英名：fingergrass、crabgrass、crowfoot grass、goose grass
■花期：夏～秋
■生息地：公園、道ばた、畑
■原産地：日本在来
■大きさ：高さ40～80cm程度
■分布：日本全土

「雑草の女王」

道ばたや公園など、どこにでも生える。畑に生えると、なかなか駆除するのが難しい。そのしなやかさと強さから「世界十大害草」に選ばれ、「雑草の女王」と呼ばれている。

女の方が強い？

メヒシバは「女日芝《めひしば》」の意味。日芝は日当たりの良いところに生えるイネ科という意味。近縁ではないが、オヒシバ（男日芝）もある。メヒシバはしなやかでやわらかいのに対して、オヒシバはがっしりとしていて、見るからに雄々しい感じであるが、畑や庭の周辺に生えるのみで、メヒシバのように畑や庭の中に繁茂することはできない。

カニの草

穂の形から、英名ではfingergrass（指の草）やcrabgrass（カニの草）と呼ばれる。属名のDigitariaも「指」という意味。

草相撲にちょうど良い

メヒシバの別名は「相撲取り草」。二人で茎を交差させて引っ張り合い、茎が切れた方が負け。しなやかに曲がり、適度な力で切れる茎は、草相撲にちょうど良い。

トラクターで畑を耕すと、切れやすい茎がちぎれちぎれになり、それぞれの節から根が出て、増えてしまう。

じつは「女」に勝てない相撲取り草

イネ科

オヒシバ

Eleusine indica

見つけやすさ：★☆☆
花の美しさ：★☆☆
しつこさ：★★☆

■漢字名：雄日芝
■別名：相撲取り草、力草、力芝、はとぼとくい、ほとくい、うかぜ草、こって草、しじち、ほことり
■一年草
■英名：goosegrass、wire grass、yard grass
■花期：夏～秋
■生息地：公園、道ばた
■原産地：日本在来（熱帯原産）
■大きさ：高さ30～60cm程度
■分布：北海道を除く日本全土

メヒシバの方が強い？

葉や茎が太く、メヒシバ（女日芝）に比べて雄々しいことからオヒシバ（男日芝）と名付けられた。引っ張っても容易に抜けないことから別名は「力草」。しかし、メヒシバがしなやかな茎を這わせて、次々に増えていくのに対して、オヒシバは株を作るだけなので、草刈りや草むしりに弱く、雑草としてはメヒシバの方が強い。

トントン相撲ができる

メヒシバと同じくオヒシバも別名を「相撲取り草」という。結んだ穂を引っ張り合ったり、穂をひっくり返して紙相撲のようにトントン相撲をして遊ぶ。

古典的な罠

足が掛かって転ぶように、子どもがこの草をしばってアーチ状にし、罠をしかけることがある。この罠によく使われたのがオヒシバ。足が掛かっても簡単には抜けないので、罠にもってこいだった。

雑穀の仲間

オヒシバに近縁の雑穀にシコクビエがある。シコクビエは東アフリカ原産で、古い時代に世界に広がり、日本でも山間地で栽培された。苗を作り畑に植えるので、イネの田植えはシコクビエが元となったとも言われている。

シコクビエ

ゴルフ場にも植えられる
西洋芝の仲間

イネ科

ギョウギシバ

Cynodon dactylon

見つけやすさ：★☆☆
花の美しさ：★☆☆
しつこさ：★★☆

■漢字名：行儀芝
■別名：バミューダグラス
■多年草
■英名：Bermuda grass
■花期：初夏～夏
■生息地：公園、芝生、道ばた
■原産地：日本在来（史前帰化植物）
■大きさ：高さ10～40cm程度
■分布：日本全土

秘密のハナシ

シバの仲間ではない

シバに似ているが、シバ属ではなく、ギョウギシバ属という別の種類。

シバは細長い穂をつけるのに対して、ギョウギシバは手のひらを広げたように五本に分かれた穂をつけるのが特徴。

ノシバの穂

ゴルフ場で植えられる

シバの仲間ではないが、西洋芝の一種としてシバと同じように植栽されることもある。

英名はバミューダグラス。繁殖力が旺盛で管理が容易であることから、ゴルフ場のラフやフェアウェイなどに用いられる。

ギョウギシバは、古い時代に日本に入ってきた史前帰化植物であり、在来種として扱われるが、現在はバミューダグラスの名で緑化用に導入されたものが逃げ出して広がっていることから外来雑草として扱われることもある。

弘法と行基

ギョウギシバの名前の由来ははっきりしない。行儀よく並んでいることから「行儀芝」に由来するという説や、海浜に生えるコウボウシバが弘法大師に由来して「弘法芝」と名付けられたのに対して、奈良時代の高僧「行基」にちなんで行基芝となったとする説もある。

美しい乙女につけられた かわいそうな名前

アカネ科

ヘクソカズラ

Paederia scandens

見つけやすさ：★☆☆
花の美しさ：★★☆
しつこさ：★☆☆

■漢字名：屁糞蔓
■別名：早乙女花、早乙女蔓、やいと花、馬食わず
■多年草
■英名：skunk vine（スカンクの蔓）、stink vine（臭い蔓）
■花期：夏
■生息地：公園
■原産地：日本在来
■大きさ：蔓性で高く伸びる
■分布：日本全土
■花言葉：人嫌い、意外性のある

「屁草」から転訛

オオイヌノフグリ（18ページ）やハキダメギク（70ページ）と並ぶ、かわいそうな名前の代表格。

名前の意味は「屁糞《へくそ》かずら」で、悪臭を放つことから名付けられた。『万葉集』でも「糞かずら」と呼ばれている。ヘクソ（屁糞）ではなく、元々はヘクサ（屁臭）だったものが転訛したともいわれているが、臭いことに変わりはない。

「屁糞かずらも花盛り」

臭いが特徴的だが、花はかわいらしいので「早乙女花」の別名もある。

どんな女性も年頃になれば美しくなることを指して「鬼も十八、番茶も出花」という諺があるが、同じ意味で「屁糞かずらも花盛り」という諺がある。

お灸に似ている？

「やいと花」という別名もある。「やいと」とはお灸のこと。花を伏せて置いた形が、お灸に見えるので、子どもたちは手や顔に貼り付けて遊んだ。また、花の中の模様がお灸の跡に見えるからとする説もある。

悪臭を溜めこむ虫もいる

悪臭成分は害虫などから身を守るためのもの。ちなみに、ヘクソカズラヒゲナガアブラムシという害虫は、ヘクソカズラの悪臭成分を体内に溜めこみ、外敵から身を守る。

子どもたちのままごとで人気の雑草

タデ科

イヌタデ

Persicaria longiseta

見つけやすさ：	★☆☆
花の美しさ：	★★★
しつこさ：	★☆☆

■漢字名：犬蓼
■別名：赤まんま
■一年草
■英名：pink weed、tufted knotweed
■花期：夏～秋
■生息地：公園、道ばた、畑
■原産地：日本在来
■大きさ：高さ20～50cm程度
■分布：日本全土
■花言葉：あなたのために役立ちたい

ままごと遊びに使われた

別名は「赤まんま」。赤い粒のような花をばらして赤飯に見立てて、遊んだことから、「赤いまんま」に由来している。

役に立たないタデ

イヌガラシ（26ページ）、イヌホオズキ（100ページ）と同じように、有用な植物に似ていて役に立たないものに「犬」と使われる。イヌタデは役に立たない蓼《たで》の意。

辛くないタデ

「蓼食う虫も好き好き」という諺がある。辛いタデにも虫がつくように、人の好みも好き好きであるという意味。この蓼はヤナギタデ。タデの仲間は辛味があるが、イヌタデは辛味がない。そのため「犬蓼」と名付けられた。ところが、イヌタデの方がよく知られているので、本当のタデは、「本タデ」と呼ばれている。

花びらのない花

イヌタデの花穂は、小さな花が集まって咲いている。花は花びらがなく、がくに色がついている。そのため、咲き終わった花も、これから咲くつぼみも鮮やかなピンク色をして花穂を目立たせ、昆虫を惹きつけている。そして、咲いている花は少し白っぽく変化して、花穂を訪れた昆虫には咲いている花がわかるようになっている。

イネそっくりに進化した擬態雑草

イネ科

イヌビエ

Echinochloa crus-galli

見つけやすさ：★★☆
花の美しさ：★☆☆
しつこさ：★★★

■漢字名：犬稗
■別名：野稗、草稗
■一年草
■英名：cock's-hoot、chicken-panic-grass
■花期：夏～秋
■生息地：公園、道ばた、空き地、水田
■原産地：日本在来
■大きさ：高さ80～120cm程度
■分布：日本全土

雑穀のヒエの祖先

雑穀のヒエの仲間だが食べられないため、イヌタデ（156ページ）が役に立たない蓼と名付けられたように、役に立たないヒエという意味で「イヌビエ」と名付けられた。雑穀のヒエの祖先種であるとも考えられている。

稲作とともに伝来

イヌビエは古い時代に日本に入ってきたとされており、稲作が日本に伝わったのと同時に雑草として日本に侵入したと考えられている。

擬態するタイヌビエ

イヌビエは湿った場所から、乾燥した場所までさまざまな場所に生える。さらに、イヌビエは変種が多く、水田に生えるタイヌビエ（田犬稗）、乾燥した道ばたなどに生えるヒメイヌビエ（姫犬稗）など、環境に応じて、さまざまな種類がある。タイヌビエは、田んぼの草取りから逃れるために、イネそっくりの姿に擬態して身を守っている。

ハリネズミのような草

属名のEchinochloaは、「ハリネズミの草」の意味。イヌビエの中で、穂に長いノギを持つものはケイヌビエという変種として扱われるが、まさにハリネズミのよう。種小名のcrus-galliは「雄鶏の脚」の意で穂の形に由来するとされている。

ネコジャラシの名で
おなじみの夏の雑草

イネ科

エノコログサ

Setaria viridis

見つけやすさ：★★★
花の美しさ：★☆☆
しつこさ：★★☆

■漢字名：狗尾草
■別名：ねこじゃらし
■一年草
■英名：fox tail grass、green bristle grass
■花期：夏～秋
■生息地：公園、道ばた、空き地、畑
■原産地：日本在来
■大きさ：高さ30～80cm程度
■分布：日本全土
■花言葉：遊び、愛嬌

別名はネコジャラシ

ネコジャラシという別名の方が有名だろう。穂を振って猫をじゃれさせて遊んだことに由来する。

毛の多い穂をひげや毛虫に見立てて遊んだり、他人のシャツの中に投げ込んで驚かせたり、子どもたちの遊びの定番である。花言葉も「遊び」。

語源は「犬ころ」

エノコログサの語源は、ふさふさした穂が犬のしっぽに似ていることから「犬ころ草」に由来している。英名の fox tail は「狐のしっぽ」、漢字名の「狗尾草」も「犬のしっぽ」の意。

あぶると穂を食べられる

雑穀の粟の原種といわれている。エノコログサの粒は小さく、食用にならないが、ライターで穂をあぶると、粒がポップコーンのようにはじけて、食べることができる。

エノコログサの仲間

エノコログサの仲間には、いくつか種類がある。エノコログサは穂が短く、ピンと立っているのに対し、アキノエノコログサは、穂が長くだらんと垂れている。

また、穂の毛が金色をしたキンエノコロは、秋の夕日に当たると黄金色に輝いて美しい。

絶対抜けない力自慢の雑草

イネ科

チカラシバ

Pennisetum alopecuroides

見つけやすさ：★☆☆
花の美しさ：★★☆
しつこさ：★☆☆

■漢字名：力芝
■別名：道しば、ちからぐさ、
　　　鬼しば、ひっかけ草
■多年草
■英名：dwarf fountain grass、
　　　Chinese fountain grass
■花期：夏～秋
■生息地：公園、道ばた
■原産地：日本在来
■大きさ：高さ60～80cm程度
■分布：日本全土
■花言葉：気の強い、信念、尊敬

試験管ブラシのような穂

巨大なエノコログサ（160ページ）にも見える、試験管ブラシのような穂が特徴。エノコログサとは別種だが、同じように毛虫に見立てて遊ぶことができる。

「ばばあの腰抜かし」

チカラシバは「力芝」。根がしっかりと張り、抜こうとしてもビクともしないことから、名付けられた。地方名では「ばばあの腰抜かし」という別名もある。

オヒシバ（150ページ）と同様に足が掛かって転ぶように、草をしばって罠にした。

学名は「羽毛の毛」

属名のPennisetumは、ラテン語の「penna（羽毛）」と「seta（刺毛）」に由来している。たくさんの毛は、動物の衣服にくっついて種子を遠くへ運ぶための工夫。

実の根元から毛が出ている

イネやムギなどのイネ科植物の実の先端には「のぎ」と呼ばれる毛がある。一方、チカラシバはたくさんの毛が特徴だが、実の先端ではなく、実の根元から毛がたくさん出ている。ちなみにエノコログサは、穂の軸に毛がついてるので、種子が落ちても毛は残る。

摩訶不思議な三角形の茎

カヤツリグサ科

カヤツリグサ

Cyperus microiria

見つけやすさ：★★☆
花の美しさ：★☆☆
しつこさ：★★☆

■漢字名：蚊帳吊り草
■別名：升草、なかよし草
■一年草
■英名：Asian flatsedge
■花期：夏～秋
■生息地：公園、道ばた、空き地、畑
■原産地：日本在来
■大きさ：高さ20～60cm程度
■分布：日本全土
■花言葉：伝統、歴史

茎の断面が三角形

ふつうの植物は茎の断面が丸いが、カヤツリグサは茎の断面が三角形をしているのが特徴。丸い茎は、どの方向にも曲がることができるので、しなることによって外部からの力に耐える。一方、三角形の茎はしなることができない代わりに頑強である。鉄橋や鉄塔が三角形の構造をしているのと同じ仕組み。

別名は「なかよし草」

三角柱の茎の両端を二人で持って、それぞれ別の面を引き裂いていくと、茎は切れずに広がって四角形を作る。この四角形が蚊帳を吊ったような形なので、「蚊帳吊草」と名付けられた。四角い形から「升草」の別名もある。二人で息を合わせて四角形を作ることから、「なかよし草」の別名も。

カヤツリグサは畑の雑草

カヤツリグサは茎が三角形であるため、植物のデザインが限られる。そのため、カヤツリグサ科の植物はどれも似たような姿をしていて見分けにくい。

仲間は水辺に多いが、カヤツリグサは乾いた場所にも見られる畑の雑草なので生えている場所で区別ができる。畑の中のやや湿った場所には、よく似たコゴメガヤツリが生えてややこしいが、「小米がやつり」の名のとおり、小穂が米のようにやや丸みがあり、稲穂のように垂れ下がる。コゴメガヤツリはちぎると甘い香りがするので見分けがつく。

アメリカからやってきた
その名もメリケン

カヤツリグサ科

メリケンガヤツリ

Cyperus eragrostis

見つけやすさ：★★☆
花の美しさ：★☆☆
しつこさ：★☆☆

■漢字名：米利堅蚊帳吊り
■別名：鬼しろがやつり、大玉がやつり
■一年草、多年草
■英名：tall flatsedge
■花期：初夏～夏
■生息地：湿地、水路、池
■原産地：熱帯アメリカ
■大きさ：高さ50～100cm程度
■分布：日本全土

水辺に自生する

水辺に自生し、水路や公園の池などに見られる。濃い緑色をしており、カヤツリグサの仲間の中でも大型で、よく目立つ。

アメリカからの外来雑草

メリケンはアメリカのこと。American という発音がそう聞こえたことに由来する。メリケン粉やメリケン波止場と同じ意味。

北アメリカから南アメリカを原産地とする帰化雑草で、アメリカセンダングサやアメリカフウロなど、植物名はアメリカが用いられることが多いが、本種はメリケンと呼ばれている。日本には戦後に侵入した。分布が限られ、珍しい帰化雑草だったが、最近になって急速に分布を拡大している。

三角形の茎の功罪

本種に限らず、カヤツリグサの仲間は、茎の断面が三角形なのが特徴。

一般の植物は茎の断面は丸いので、どの方向にも曲がることができる。こうして、しなることによって外部からの力に耐える。一方、三角形の茎はしなることができないが、外からの力に対して頑強な構造となる。

ただし、三角形の茎は形がいびつなため、隅々まで水が届きにくい。そのため、カヤツリグサの仲間の多くは、水が潤沢な湿った場所に生える。メリケンガヤツリも、根元が水の中にある抽水植物である。

公園の水辺に生える畳の原料の草

イグサ科

イグサ

Juncus effusus

見つけやすさ：★☆☆
花の美しさ：★☆☆
しつこさ：★☆☆

■漢字名：藺草
■別名：灯心草
■多年草
■英名：lamp rush
■花期：夏
■生息地：公園の水辺
■原産地：日本在来
■大きさ：高さ70～100cm程度
■分布：日本全土
■花言葉：堅く信ずる、従順

「イ」は一番短い名

「イ」は、植物の中でもっとも短い名前。しかし、一文字ではわかりづらいので、「草」をつけて「イグサ」と呼ばれる。ちなみに植物の中で一番長い名前は、アマモの別名の「竜宮《りゅうぐう》の乙姫《おとひめ》の元結《もとゆい》の切《き》り外《はず》し」。

奇妙な葉

尖った針のように見えるのは、茎ではなく葉が変化したもの。花は、針状の葉の途中に咲いているように見えるが、花茎は花から下の部分が茎で、花から上の部分が葉になる。

ユリの花の親戚

イグサは、ユリ科の祖先から分かれて進化してきたと考えられている。花をよく見ると花弁にあたる内花被三枚とがくにあたる外花被三枚の計六枚の花びらからなる花の構造は、ユリとまったく同じである。

畳やござの材料

細く長い茎は、畳表やござの材料として栽培されてきた。江戸時代には、滋賀県、岡山県、広島県、大分県などが主な産地だったが、現在では熊本県で主に栽培されている。

湿地に生えるため、空気を通すように茎の内部がやわらかいスポンジ状になっている。昔は、この芯の部分を取り出して、行燈の燈心に用いられた。そのため別名は「灯心草」。

ブドウ科

ヤブガラシ

Cayratia japonica

見つけやすさ：★★☆
花の美しさ：★★☆
しつこさ：★★★

■漢字名：藪枯らし
■別名：貧乏かずら
■多年草
■英名：bush killer
■花期：夏
■生息地：公園、荒れ地
■原産地：日本在来
■大きさ：つるで長く伸びる
■分布：日本全土
■花言葉：不倫、積極的、攻撃的

藪をも枯らす成長力

ヤブガラシは「藪枯らし」である。その名のとおり、旺盛に生育して藪を覆い尽くし、他の植物を枯らしてしまう。ヤブガラシのようなつる植物は、自分で立つ必要がないので、茎を丈夫にしなくてもよい。その分だけ、茎を早く伸ばして、他の植物よりも早く抜きんでて成長し、光を独占してしまうのである。

巻きひげの秘密

つる植物には、アサガオのようにつるが巻きながら伸びていくものと、キュウリのように巻きひげを伸ばすものがある。ヤブガラシは巻きひげを伸ばす。ヤブガラシは、一本の巻きひげが途中で分かれて二本になり、それぞれが巻きつくため、簡単には外れない。

やっかいな雑草

植え込みの木にからみながら上に伸びてくるので、上に伸びたつるだけとっても、元の株はなくならない。また、地面の下に地下茎があるため、つるを完全に除去したと思っても、すぐに再生してくる。また、公園などではフェンスにからみついて、なかなか取ることができない。やっかいな雑草である。

花は美しい

花はオレンジ色で、小さいが、意外に美しい。蜜が多いので、さまざまな昆虫がヤブガラシの花を訪れる。ブドウ科の植物で、ブドウの粒のような実を成らせる。

キク科

コセンダングサ

Bidens pilosa

見つけやすさ：★★★
花の美しさ：★☆☆
しつこさ：★☆☆

■漢字名：小栴檀草
■別名：泥棒草
■一年草
■英名：common beggar's tick、hairy beggarticks
■花期：秋
■生息地：公園、道ばた、荒地、河原
■原産地：不明
■大きさ：高さ50～100cm程度
■分布：日本全土
■花言葉：味わい深い、悪戯好きな子ども、移り気な方、近寄らないで

ひっつき虫の代表

子どもたちが公園で遊ぶと、靴下や服にいっぱい種子がついてくる。これらの種子は「ひっつき虫」や「くっつき虫」と呼ばれる。コセンダングサは、ひっつき虫の代表格。

銛《もり》と同じ構造

種子の先にはトゲがある。トゲには、魚を突く銛と同じように、かえしがついており、簡単に抜けないような構造になっている。

「梅檀は双葉より芳し」

「梅檀《せんだん》は双葉《ふたば》より芳し《かんば》」という諺がある。梅檀は双葉の頃から香りがあるように、大成する人は幼い頃から優れているという意味。

センダングサの名の由来は、葉のつき方が梅檀の木に似ていることから。ただ、諺の梅檀は、実際には白檀のこと。

クワガタムシのような種子

湿った場所では、近縁のアメリカセンダングサが見られる。コセンダングサの種子は細長いのに対して、こちらの種子はひらべったく、クワガタムシのように見える。

花びらのある変種

コセンダングサの花は花びらがないが、ときどき白い花びらのあるものが見られる。これは、コシロノセンダングサ（またはシロバナセンダングサ）という変種。

くっつく仕組みはヘアピンと同じ

ヒユ科

イノコヅチ

Achyranthes bidentata

見つけやすさ：★☆☆
花の美しさ：★☆☆
しつこさ：★☆☆

■漢字名：猪子槌
■別名：ふしだか、馬の膝、とりつきむし、とびつきくさ、ばか、草じらみ
■多年草
■英名：pig's knee（豚のひざ）
■花期：夏～秋
■生息地：公園、道ばた、林内
■原産地：日本在来
■大きさ：高さ50～100cm程度
■分布：日本全土
■花言葉：命燃え尽きるまで、人なつっこい、二重人格

イノシシのひざに見立てて

名前の由来は、茎の節のふくらんだところを猪のひざ頭に見立てたところから。根を乾燥させると、牛のひざと書いて「牛膝《ごしつ》」という生薬になる。

カッコいい「バカ」

知らぬ間にくっついているせいか、種子は俗に「バカ」と呼ばれる。種子を体につけたまま家に入ると家門が途絶えるという言い伝えも。やや藪に近いところで、どこにでも生えている雑草だが、薬草として栽培もされている。さまざまな薬効があるせいか、花言葉は「命燃え尽きるまで」とカッコいい。

ヘアピンの仕組みでくっつく

種子がくっついてくる「ひっつき虫」の一つ。コセンダングサ（172ページ）や、オナモミ（176ページ）の仕組みと異なり、ヘアピンのような構造で引っかかる。種小名のbidentataは「二歯の」という意味で、ヘアピンのような二本の棘を指す。

日向と日陰

変種としてヒナタイノコヅチとヒカゲイノコヅチの二種類がある。ヒナタイノコヅチは日の当たるところに多く、ヒカゲイノコヅチは木陰など日蔭に多いが、混生していることも多く区別は難しい。ヒナタイノコヅチは毛が多く、花が密につく。

子どもたちに大人気のひっつき虫

キク科

オオオナモミ

Xanthium occidentale

見つけやすさ：★☆☆
花の美しさ：★☆☆
しつこさ：★☆☆

■漢字名：大葈耳
■別名：ひっつき虫、くっつき虫
■一年草、多年草
■英名：rough cocklebur、noogoora burr、Canada cocklebur
■花期：夏～秋
■生息地：公園、空き地
■原産地：北アメリカ
■大きさ：高さ50～200cm程度
■分布：日本全土
■花言葉：頑固、粗暴、怠惰

リスクを分散

コセンダングサ（172ページ）と並んで、ひっつき虫の代表格。離脱しやすいので、子どもたちは投げ合ったり、友だちの背中にそっとくっつけて遊ぶ。

くっつくのは種子ではなく、実。実を割ってみると中に二つの種子が入っている。やや大きい種子はすぐに芽を出すせっかち屋なのに対して、もう一つの種子はゆっくりと芽を出すのんびり屋。こうして発芽時期をずらして、リスクを分散させている。

くっつく仕組みは面ファスナーと同じ

とげの先がかぎ状に丸まっていて、衣服にからみつく。この仕組みは、背もたれやおむつカバーに用いられる面ファスナー（商品名：マジックテープ）と同じ。じつはスイスの発明家が、オナモミと同じ構造のヤマゴボウの種子を観察して面ファスナーを発明した。

オナモミとメナモミ

オナモミは「雄なもみ」の意味。「なもみ」は「ひっかかる」という意味の「なずむ」に由来する。「雄なもみ」に対して、近縁ではないが、「雌なもみ」もある。

メナモミの種子も衣服につくが、あっさりと離脱できるオナモミと違って、種子がべたべたとまとわりついて離れにくい。人間の女性が離れ際があっさりしているのとは対照的。

謎めいた小さな野の花

キツネノマゴ科

キツネノマゴ

Justicia procumbens

見つけやすさ：★☆☆
花の美しさ：★★☆
しつこさ：★☆☆

■漢字名：狐の孫
■別名：かぐら草、狐の卵、目薬花、かやな
■一年草
■英名：rat-tall willow、trailing water sillowl
■花期：夏から秋
■生息地：公園、道ばた
■原産地：日本在来
■大きさ：高さ10～40cm程度
■分布：北海道を除く日本全土
■花言葉：この上なくあなたは愛らしく可愛い、女性の美しさの極致

名前は「狐の孫」

漢字では「狐の孫」。どうして、このような名前がつけられているのかは、謎である。

花の姿がキツネの顔に似ているからという説と、花が咲き終わった後が、キツネの尾のように見えるからという説とがある。

孫のようにかわいい

花言葉は「この上なくあなたは愛らしく可愛い」。何とも孫と呼ばれるにふさわしい。

また、「女性の美しさの極致」という美しい女性に化ける女狐を彷彿させる花言葉もある。

平安時代の薬草

平安時代の薬草の書物『本草和名』に記される古くから知られる薬草。生薬名は「爵《やく》床《じょう》」という。

「ひ孫」と「め孫」

「狐の孫」に対して、沖縄には「キツネノヒマゴ（狐の曾孫）」や「キツネノメマゴ（狐の女孫）」と名付けられた植物がある。

四角形の茎

茎は四角形で、花も唇形花であるなど、ホトケノザ（20ページ）と同じシソ科の特徴を有するが、キツネノマゴ科という別のグループの植物。キツネノマゴ科の植物は熱帯に生息するものが多く、日本のキツネノマゴのように温帯に生息するものは少ない。

穴が空いた不思議な実の理由

イネ科

ジュズダマ

Coix lacryma-jobi

見つけやすさ：★☆☆
花の美しさ：★☆☆
しつこさ：★☆☆

■漢字名：数珠玉
■別名：唐麦
■一年草、多年草
■英名：Job's tears
■花期：夏〜秋
■生息地：水辺
■原産地：日本在来
（熱帯アジア原産）
■大きさ：高さ1〜2m程度
■分布：北海道を除く日本全土
■花言葉：祈り、恩恵、成し遂げられる思い

女の子にはネックレス

昔の女の子たちは、ジュズダマの実をつなぎあわせて、ネックレスや腕輪を作って遊んだ。数珠も作ることができるので、「数珠玉」が名前の由来。

穴の空いた実

ジュズダマの硬い実には、ビーズのように糸を通せるような穴が空いている。

ジュズダマの実といわれるものは、実際には実ではなく花を包む包葉鞘《ほうようしょう》という器官。この包葉鞘の中を通り抜けて穂を伸ばし、花を咲かせるために、穴が空いている。

改良したハトムギに

はと麦茶の原料になるハトムギは、ジュズダマを改良して作られた。ジュズダマとハトムギは植物種としてはまったく同じで、ジュズダマが野生種でハトムギが栽培種。

学名はヨブの涙

ジュズダマとハトムギは英語でJob's tearsという。これは、「ヨブの涙」の意。また、学名の種小名lacryma-jobiも同じ意味。ヨブは『旧約聖書』「ヨブ記」の主人公で、信仰を試されて痛みつけられるが、それでも信仰を捨てず神を仰いで涙を流す。包葉鞘の美しい輝きとその形が頬を伝うヨブの涙に見立てられた。

因幡の白兎伝説の薬草

ガマ科

ガマ

Typha latifolia

見つけやすさ：★☆☆
花の美しさ：★☆☆
しつこさ：★☆☆

■漢字名：蒲
■別名：御簾草、狐の蝋燭
■多年草
■英名：reedmace、common cattail
■花期：夏
■生息地：水辺
■原産地：日本在来
■大きさ：高さ1.5～２m程度
■分布：日本全土
■花言葉：従順、素直、慌て者、無分別、救護、慈愛、予言

水草の代表

漢字で「蒲」と書く。「甫」は田んぼに草が生えている様子を表した字で、さんずいをつけた「浦」は水辺を表す。草かんむりをつけた「蒲」は水辺に生える草の意味である。

カマボコの語源

ユニークな形の穂は、ソーセージやアイスキャンディに見立てられる。昔の人もさまざまな食べ物を連想した。蒲鉾は「蒲の鉾」と書く。矛のように見えるガマの穂先は「がまほこ」といわれている。これがカマボコの語源。昔のカマボコは板に盛らずに、棒のまわりに盛られていた。

蒲焼きも「蒲」の字が使われる。現在では鰻を開いて焼くが、昔は筒切りにしてそのまま棒に刺して焼いた。その形がガマの穂にそっくりだったのである。

蒲団に使われた

蒲団にも「蒲」の字が使われる。葉の中はスポンジ状になっていてやわらかい。この丈夫でしなやかな葉を丸く編んで座禅のときに敷く敷物を作った。これが「蒲団」である。

因幡の白兎の物語

鮫をだました報いで赤裸にされた因幡の白兎は俗に蒲の穂綿にくるまったとされるが、実際には止血の薬効があるガマの花粉「蒲黄」だった。

日の本の国はこの草に始まる

イネ科

ヨシ

Phragmites australis

見つけやすさ：★☆☆
花の美しさ：★☆☆
しつこさ：★★☆

■漢字名：葦
■別名：アシ
■多年草
■英名：common reed、cane, giant reed
■花期：夏～秋
■生息地：水辺
■原産地：日本在来
■大きさ：高さ1.5～３m程度
■分布：日本全土
■花言葉：強さ、辛抱、深い愛情、神の信頼、音楽、従順、哀愁、憂愁、不謹慎、後悔

ヨシやアシが生える

「ヨシやアシが生える」といわれるが、ヨシとアシは同じ植物。アシは「悪し」につながることから、「良し」にかけてヨシと呼ばれるようになった。一方、大阪では、アシはお金を意味する「お足」を連想させて縁起が良いため、「アシ」という呼び方もされる。

人間は考える葦である

パスカルは「人間は考える葦である」と言った。人間は葦のように弱い存在だが、考えることができる点で偉大であるという意味。風に無抵抗になびくことから弱いと思われるが、ヨシはしなるため、折れにくく強風に強い。実際には、ヨシは雑草の中では競争に強い植物であり、水辺はヨシで覆い尽くされる。

日本はヨシの国

湿地の多い日本の国土は、古くはヨシ原に覆われていた。日本のことを「豊葦原《とよあしはら》の瑞穂《みずほ》の国」と呼ぶが、これは、「ヨシが茂り稲の稔りが豊かな国」という意味である。江戸時代になるとヨシ原が開拓され、多くの新田が拓かれた。吉原、吉田、吉野の地名もヨシの繁茂する場所だった。

よしずの原料

ヨシは軽くて丈夫な上、耐水性にも優れることから、ススキ（216ページ）と同じように茅葺き屋根に用いられた。また、すだれは竹から作るが、よしずはヨシの茎から作られる。

第4章

線路際の雑草

電車の車窓から外を見ると、線路際には意外に雑草が多いことに気が付く。

線路沿いは広い空間が空いていて日当たりも良いので、大型の雑草も生えることができるのが特徴。何メートルにもなるような雑草を見かけることができるのも線路際の魅力である。また、電車の風圧に乗って種を運ぶ風散布種子の雑草もよく見られる。

定期的に草刈りが行なわれる線路法面には、草地に生えるような雑草が見られる。草刈りが頻繁に行われるほど、草刈りに強い雑草が繁茂するようになる。雑草の種類を眺めると、どれくらいの頻度で草刈りが行われるのかも推測できるから面白い。

踏切を渡るときに、線路を見ると、レー

ルの間にも雑草がよく生えている。レールの間は、何分かに一度、電車が頭上を通り過ぎる過酷な場所である。しかし、不思議なことに電車の車高にぶつからないくらいの高さで花を咲かせている。

なかなかしつこい生きた化石

トクサ科

スギナ

Equisetum arvense

見つけやすさ：★★☆
花の美しさ：なし
しつこさ：★★★

■漢字名：杉菜
■別名：地獄草、継ぎ菜
■多年草
■英名：field horsetail、common horsetail（馬の尾）
■花期：シダ植物であるため花は咲かない
■生息地：線路際、道ばた
■原産地：日本在来
■大きさ：高さ10～40cm程度
■分布：日本全土
■花言葉：向上心、意外、驚き、努力

つくし誰の子、スギナの子

「つくしだれの子、すぎなの子」という歌があるが、ツクシはスギナの子どもではなく、スギナはシダ植物なので胞子で増える。ツクシとスギナは地下茎でつながっているが、ツクシは胞子を作る胞子茎である。普通の植物ではスギナが葉で、ツクシが花に相当する。

「生きた化石」

スギナやツクシを節の部分で抜いてから、元の位置に戻して「どこどこ継いだ？」と当てる遊びがある。スギナの名は葉が杉の葉に似ていることに由来するとされるが、この遊びから「継ぎ菜」に由来するとも言われている。スギナは「生きた化石」と呼ばれる原始的な植物であり、茎と葉とがはっきりと分化していない。葉のように見える細く分かれた枝は茎と同じ構造をしている。

祖先は石炭の材料に

スギナの仲間はおよそ三億年前の石炭紀に大繁栄した。当時は高さ数十メートルにもなるスギナの仲間が、地上に森を作っていたのである。このスギナの祖先が化石化したものが、石炭である。

地獄まで伸びる草

スギナは地面深くに根茎を伸ばすため、根絶が難しい雑草。昔の人は、「スギナの根は地獄まで伸びている」と嘆いた。アメリカまで伸びているという人もいる。

軍師の名を拝した紫の花

アブラナ科

ショカッサイ

Orychophragmus violaceus

見つけやすさ：★☆☆
花の美しさ：★★★
しつこさ：★☆☆

■漢字名：諸葛菜
■別名：ムラサキハナナ、オオアラセイトウ
■一年草
■英名：violet orychophragmus
■花期：春
■生息地：線路際、道ばた、公園
■原産地：中国
■大きさ：高さ10～50㎝程度
■分布：日本全土
■花言葉：知恵の泉、優秀、
競争、仁愛、
恵まれた未来

秘密のハナシ

かつては「東京の雑草」

別名のムラサキハナナは、「紫色の菜の花」の意味。菜の花にそっくりだが、花の色は鮮やかな紫色でよく目立つ。中国原産で、江戸時代に園芸用の観賞植物として日本に持ち込まれたが、戦後になって雑草化した。

かつては主に東京のみで見られた「東京の雑草」であったが、最近では分布を広げている。線路沿いに多く見られ、線路伝いに広がっている。東京では「花ゲリラ」と呼ばれる人たちによって、線路沿いや道沿いに種子が播かれて広がったとも言われている。

ストックに似ている？

ショカッサイは、原産地の中国の「諸葛菜」をそのまま音読みしたもの。正式名は「大紫羅欄花《おおあらせいとう》」というが、この呼び名は定着していない。ちなみに別名のアラセイトウは南ヨーロッパ原産の園芸植物ストックのこと。

諸葛孔明の植物

諸葛菜の「諸葛」は、三国志にも登場する天才軍師「諸葛孔明」のこと。諸葛菜は、諸葛孔明が広めたことに由来すると言われている。ただし、中国で「諸葛菜」はカブのことを指す。諸葛孔明は兵士の野菜不足を補うために野生のカブに目をつけて、栽培を奨励したという。

園芸植物のオオアラセイトウが、どうして諸葛菜と呼ばれているのかは不明である。

世にも珍しい雑草のユリ

ユリ科

タカサゴユリ

Lilium longiflorum

見つけやすさ：★★☆
花の美しさ：★★★
しつこさ：★★☆

■漢字名：高砂百合
■別名：台湾百合、細葉鉄砲百合
■多年草
■英名：formosa lily
■花期：夏～秋
■生息地：線路際、道ばた、公園
■原産地：台湾
■大きさ：高さ30～150cm程度
■分布：東北南部、関東以南
■花言葉：威厳、純潔、無垢

秘密のハナシ

台湾原産のユリ

タカサゴユリはテッポウユリの仲間。テッポウユリが鹿児島から沖縄の西南諸島に分布するのに対して、タカサゴユリは台湾原産。「高砂」は台湾の古い呼び名。

タカサゴユリは大正時代に観賞用に日本に導入されたのが逸出した。

雑草になったユリ

テッポウユリに似るが、テッポウユリは雑草化しない。タカサゴユリは美しいユリの仲間では、雑草として広がっている変わり者である。小さな種子をたくさん作り、暖かい地域では一年中花を咲かせる。また、ユリ類は種子から球根を作り、何年かかかって花を咲かせるのに対して、タカサゴユリは種子から一年以内に花を咲かせることができ、小さな草丈でも花を咲かせるなど、ユリの中では特異的な、雑草として成功するための性質を備えている。

翼で空を飛ぶ

ユリの仲間は、種子のまわりに「翼《よく》」と呼ばれる膜があり、風に乗るしくみになっている。タカサゴユリの種子は小さくて軽いので特に風で運ばれやすい。そのため、高速道路や鉄道沿いに広がりやすい。

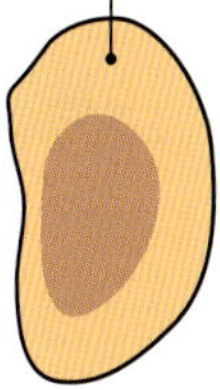

運動会の前日のおまじない

ケシ科

タケニグサ

Macleaya cordata

見つけやすさ：★☆☆
花の美しさ：★★☆
しつこさ：★★★

■漢字名：竹煮草、竹似草
■多年草
■別名：ささやき草、占城菊
■英名：plume poppy
■花期：夏
■生息地：道ばた、空き地、線路際
■原産地：日本在来
■大きさ：高さ１～２m程度
■分布：北海道を除く日本全土
■花言葉：素直

竹に似ている？

タケニグサの名前は、竹に似ていることから「竹似草」に由来するという説と、いっしょに竹を煮ると竹がやわらかくなることから「竹煮草」に由来するという説とがある。

名前の由来はともかく、太く節があるタケニグサの茎は、どことなく竹に似ていなくもない。

早い成長

春に種子から芽を出すと、一気に成長を遂げて、夏までには二メートルを超えて見上げるほどの高さにまで成長する。この成長の早さの秘密は、竹のように中が空洞になった茎にある。茎の構造を中空にすることによって、茎を作る資材を節約し、その分だけ茎を速やかに高くまで伸ばすのである。

運動会のおまじない

昔から、タケニグサのオレンジ色の草の汁をつけると足が速くなるという俗信がある。そのため、運動会の前には子どもたちがタケニグサの汁をつけた。ただし、タケニグサの草の汁はアルカロイドを含み有毒である。その毒の強さは強力で、昔は便所にタケニグサの茎や葉を入れて、ウジ殺しにした。

アリが運ぶ種子

14ページのスミレと同じように、種子にエライオソームというゼリー状の物質がついていて、アリが種子を運ぶ。

タデ科

イタドリ

Fallopia japonica

見つけやすさ	★☆☆
花の美しさ	★★☆
しつこさ	★★★

■漢字名：虎杖
■多年草
■別名：すかんぽ、イタンポ、ドングイ、ゴンパチ
■英名：Japanese knotweed
■花期：夏～秋
■生息地：道ばた、空き地、線路際
■原産地：日本原産
■大きさ：高さ0.5～2m程度
■分布：日本全土
■花言葉：回復

荒れ地のパイオニア

荒れ地を好み、都会では線路際などに良く見られる。土砂崩れの後や火山のような他の植物が生えない荒れ地にもいち早く生えるのでパイオニア植物と呼ばれる。富士山などの高山にも見られる。

昔の子どもたちのおやつ

別名は「すかんぽ」。若い茎を折ってかじると、酸味があってすっぱいことから名付けられた。昔は野山で遊ぶ子どもたちのおやつだった。132ページのスイバも、同じようなすっぱい味がすることから同じ「すかんぽ」と呼ばれている。

痛みを和らげる草

イタドリは薬草で、若芽を揉みつぶして傷口に塗ると、痛みが和らぐ。そのため、「痛み取り」からイタドリになったと言われている。

漢字の「虎杖」は若い茎が、トラの縞模様の杖に見えることから。枯れあがった茎は実際に杖にも使われる。茎は中空なので、杖は軽くて丈夫。この杖を使うと中風予防になると言われた。中空の茎は、笛にもなる。

ヨーロッパでは大雑草

外国からやってきて日本に繁茂する帰化雑草が問題になっているが、ヨーロッパでは逆に日本のイタドリが帰化して問題になっている。

いかにも毒々しい実が特徴的

ヤマゴボウ科

ヨウシュヤマゴボウ

Phytolacca americana

見つけやすさ：★☆☆
花の美しさ：★★☆
しつこさ：★☆☆

■漢字名：洋種山牛蒡
■別名：アメリカヤマゴボウ
■多年草
■英名：pokeweed、inkberry
■花期：初夏～夏
■生息地：線路際、空き地
■原産地：北アメリカ
■大きさ：1～1.8m
■分布：日本全土
■花言葉：野生、元気、内縁の妻

ブドウのような実

赤紫色の茎が直立し、ブドウのような実が垂れ下がるのが特徴。この実をつぶして出る汁は染料となる。属名のPhytolaccaは「phyton（植物の）」と「lacca（紅色の顔料）」から成る。英語ではインクベリー（inkberry）とも呼ばれている。

漢字では、「洋種山牛蒡」。洋種の名のとおり、北アメリカ原産の帰化雑草。日本には明治時代に薬草として持ち込まれたものが、逸出して野生化した。

注意したい毒草

ヤマゴボウ科だが、日本でもともと「山牛蒡」と呼ばれるのは、キク科のモリアザミという植物。モリアザミは食用になるが、ヨウシュヤマゴボウは全草が毒草で食用にはならない。誤食すると、強い嘔吐や下痢、蕁麻疹などの中毒症状が起こる。ひどいときには、心臓麻痺や呼吸障害を起こすので注意が必要。ブドウの実のような熟した果実も毒である。

花言葉は「元気」。「毒と薬は紙一重」の諺どおり、使い方によっては薬草となる。

鳥が運ぶ種子

果実には毒があるが、鳥は果実を食べて、種子を糞として落とす。こうして鳥に種子を散布させている。植物の果実が持つ毒は、種子まで噛み砕く哺乳類に食べられないためであり、鳥には無毒か毒性の低いことが多い。

朝顔に似て非なるしつこい雑草

ヒルガオ科

ヒルガオ

Calystegia pubescens

見つけやすさ：★★☆
花の美しさ：★★★
しつこさ：★★★

■漢字名：昼顔
■別名：おこり花、つんぶー花、おこりづる、かみなり花、てんき花、雨ふり花、ちち花、かっぽう
■多年草
■英名：bindweed、false bindweed
■花期：夏
■生息地：線路際、道ばた、空き地
■原産地：日本在来
■大きさ：つるで長く伸びる
■分布：日本全土
■花言葉：絆、優しい愛情、情事、友達のよしみ

昼に咲く「昼の顔」

ヒルガオは「昼の顔」の意味。

アサガオと同じように早朝から花を咲かせるが、午後まで咲いているので、ヒルガオと呼ばれる。花が咲く時間によってアサガオ（朝顔）、ユウガオ（夕顔）もヨルガオ（夜顔）もある。ユウガオはかんぴょうの原料になる野菜。

本家はヒルガオ

ヒルガオは古くから日本に自生しており、万葉集では、容花《かおばな》と呼ばれる。「容」とは美しいという意味。しかし、遣唐使が、中国からアサガオを持ちかえると、アサガオに対してヒルガオと呼ばれるようになった。

少しでも早く伸びようとする

アサガオは園芸植物だが、ヒルガオは雑草。ふつうの植物は双葉が出た後に本葉が出てつるを伸ばすが、ヒルガオは双葉が出た後は、本葉が出るよりも先に、つるを伸ばす。こうして他の植物よりも少しでも早く伸びようとしている。

根っこで増え、しつこい

アサガオは一年で枯れてしまう一年草だが、ヒルガオは地下茎で増えていく多年草。畑を耕すと根茎がちぎれて増えてしまう。ヒルガオは種子がほとんどできないので、もっぱら根茎で増えていく。

線路際に生えるその名も鉄道草

キク科

ヒメムカシヨモギ

Conyza canadensis

見つけやすさ：★★☆
花の美しさ：★★☆
しつこさ：★★☆

■漢字名：姫昔蓬
■別名：御維新草、明治草、鉄道草、貧乏草、世代わり草、身代限り
■一年草、越年草
■英名：Canadian horseweed
■花期：夏〜秋
■生息地：線路際、道ばた、空き地
■原産地：北アメリカ
■大きさ：高さ１〜２m程度
■分布：日本全土
■花言葉：人なつっこい

秘密のハナシ

鉄道によって広がる

明治時代に日本に侵入した北米原産の帰化植物。明治維新の近代化の中で、鉄道の普及とともに全国に広がったことから、「御維新草」、「明治草」、「鉄道草」といった別名がある。種子は小さく、綿毛があるので、汽車が走るときの風に舞って線路沿いに広がっていった。

よく似たオオアレチノギク

よく似た雑草に大正時代に帰化したオオアレチノギクがある。ヒメムカシヨモギが北米原産であるのに対し、オオアレチノギクは南米原産。ヒメムカシヨモギは、茎や葉の毛が粗く、舌状花と呼ばれる花びらが見えるが、オオアレチノギクは、茎や葉の毛が密で、舌状花がほとんど見えない点で区別される。

「貧乏草」とも

ヒメムカシヨモギやオオアレチノギクは、綿毛で種子を飛ばすので、荒地などにいち早く侵入し、草丈も高いので、一気に荒れ果てた感じを演出する。そのためこれらの雑草が屋敷に生えるようでは身代もつぶれるとされて、「貧乏草」や「身代限り」の別名もある。

落ちぶれた家は屋根に「ぺんぺん草が生える」と言われるが、実際にはナズナ（22ページ）ではなく、ハルジオン（40ページ）やヒメムカシヨモギ、オオアレチノギクなど、種子が風に乗って飛ぶキク科の雑草。

星のように咲く大きな雑草の小さな花

キク科

ヒロハホウキギク

Aster subulatus

見つけやすさ：★★☆
花の美しさ：★☆☆
しつこさ：★☆☆

■漢字名：広葉箒菊
■一年草
■英名：southeastern annual saltmarsh aster
■花期：夏～秋
■生息地：線路際、道ばた、空き地
■原産地：北アメリカ
■大きさ：高さ50～120cm程度
■分布：日本全土
■花言葉：誠実

本種に置きかわる

北米原産。一九六〇年代に帰化が確認された。それ以前には、大正時代に帰化したホウキギクがあったが、最近では本種に置き換わってきている。ヒロハホウキギクはホウキギクの変種とされている。

ホウキギクとの違いは、ヒロハホウキギクは枝が横に広がる点、葉の幅が広く先が尖る点、葉の基部が茎を抱かないなどがあるが、区別は難しい。

ホウキに似ている？

ホウキギクの名の由来は、細かく分かれた分枝をほうきに見立てたことから名付けられた。

美しき「星」の仲間

属名の Aster はラテン語の「星」に由来する。形の良い花が星のように見えることから名付けられた。同じ属にはヨメナやユウガギク、ミヤコワスレなど、美しい花が名を連ねる。ヒロハホウキギクは花は小さいが、よく見ると花はかわいらしい。れっきとした Aster の仲間である。

雑種の登場

ヒロハホウキギウもホウキギクもともに、北米原産。この仲間は変異が大きく、おそらく別の地域に生息していたが、日本で出会った。日本にはヒロハホウキギクとホウキギクの雑種のムラサキホウキギクがある。

戦後に広がった外来の牧草

イネ科

セイバンモロコシ

Sorghum halepense

見つけやすさ：★☆☆
花の美しさ：★☆☆
しつこさ：★☆☆

■漢字名：西藩蜀黍
■別名：ジョンソン・グラス
■多年草
■英名：Johnson grass
■花期：夏
■生息地：空き地、土手、線路際
■原産地：地中海
■大きさ：0.8～2ｍ
■分布：東北以南

台湾に多く、中国から来た？

漢字では、「西藩蜀黍」。「西藩」とは台湾のことで、台湾に多いモロコシという意味。ちなみにトウモロコシは「唐土（中国）のもろこし」という意味。トウモロコシは戦国時代にポルトガル人によってもたらされたが、異国から来たので「唐」とつけられた。

モロコシは、古くから日本で栽培されていた雑穀の名である。モロコシは漢字で、「蜀黍」と書き、これも「蜀（中国）」から来たキビという意味。そのため、トウモロコシは中国という言葉が重ねて使われており、「西藩蜀黍」は厳密には、「台湾に多い中国から来たキビ」という意味でややこしい。

戦後に帰化

セイバンモロコシは、地中海地域の原産で戦後に日本に侵入した帰化植物である。西日本から、線路伝いに広がった。現在では、畑や河川敷、空き地など、東北以南の広い地域で、さまざまな場所に見られる。

ジョンソン大佐の牧草

英名はJohnson grass（ジョンソン・グラス）。これは、一九世紀に農地に種を播いたアラバマ州のウィリアム・ジョンソン大佐に由来している。家畜の飼料や法面の緑化植物として利用されるが、雑草化することが多く、世界の十大害草の一つに選ばれるほど、問題となっている。

現在、分布が拡大中のニュー雑草

イネ科

メリケンカルカヤ

Andropogon virginicus

見つけやすさ：★★☆
花の美しさ：★☆☆
しつこさ：★☆☆

■漢字名：米利堅刈萱
■一年草
■英名：broomsedge bluestem
■花期：秋
■生息地：空き地、線路際
■原産地：北アメリカ
■大きさ：0.5～1.2メートル
■分布：関東以西

アメリカからやってきた

メリケンはアメリカのことで、Americanという発音がそう聞こえたことに由来する。つまりアメリカから来たカルカヤという意味。種小名のvirginicusはバージニアに由来し、いかにも帰化雑草らしい。

カルカヤは「刈る萱」で、萱葺き屋根のために刈った草を意味している。オガルカヤやメガルカヤという植物に似ていることから、メリケンカルカヤと名づけられた。

近年、分布が拡大

日本には、一九四〇年ごろに愛知県で最初に記録され、戦後に侵入が目立つようになった。ただし近年になって、西日本を中心に急速に分布を拡大しており、現在では、関東以西で広く見られる。最近になって分布が広がっている理由は不明である。

白い毛が特徴

属名のAndropogonは「男性のひげ」を意味しており、この属名の仲間は小穂に長い「のぎ」がある。

メリケンカルカヤも穂に白い長毛があるのが特徴。この長い毛で種子が風に乗って飛ぶので、車両の移動によって空気が運ばれる高速道路の法面や線路沿いに多く見られる。

種子を飛ばした後も立ち枯れているので、秋から冬にかけてもよく目立つ。

じつはレタスの仲間のキク科雑草

キク科

アキノノゲシ

Lactuca indica

見つけやすさ：★★★
花の美しさ：★★★
しつこさ：★★★

■漢字名：秋の野芥子・秋の野罌粟
■別名：チチクサ、ウサギグサ
■一年草、二年草
■英名：Indian lettuce
■花期：夏～秋
■生息地：線路際、公園、道ばた
■原産地：日本在来
■大きさ：高さ50～200cm程度
■分布：日本全土
■花言葉：控えめな人、幸せな旅

秋に咲くノゲシ?

春に咲くノゲシ(38ページ)に対して、秋に咲くことから名付けられたが、ノゲシとは近縁ではない。一方、アキノノゲシに対して、ノゲシは「ハルノノゲシ」と呼ばれることもある。

じつはレタスの仲間

属名の Lactuca はレタスやサラダナと同じで、近縁の植物。レタスの花はアキノノゲシによく似ている。アキノノゲシの英名は、Indian lettuce(インドのレタス)。日本では Lactuca 属はアキノノゲシ属と訳される。

レタスの花

茎を切ると白い液が

Lactuca は、乳を意味するラテン語「lac」に由来する。カフェラテのラテ(latte)や乳糖を意味する「ラクトース(Lactose)」も lac に由来している。また、酪農の「酪」の音も lac に由来していると いう説もある。

アキノノゲシの茎を切断するとミルクのような白い液がにじみ出てくることから、「乳」に由来した学名がつけられた。レタスも芯の部分を切ってみると、白い液体がにじみ出てくる。この白い液はラクチュコピクリンと呼ばれる苦味物質で、なめると苦い。

秋の七草も、今では困り者

マメ科

クズ

Pueraria lobata

見つけやすさ：★★☆
花の美しさ：★★★
しつこさ：★★★

■漢字名：葛
■別名：うらみ草
■多年草
■英名：kudzu vine
■花期：夏～秋
■生息地：線路際、空き地、山野、河原
■原産地：日本在来
■大きさ：つるで長く伸びる
■分布：日本全土
■花言葉：活力、芯の強さ、治癒

秘密のハナシ

昼寝をする

クズは昼寝をする植物として知られている。光が強すぎると光合成の能力を超えてしまい、かえって害になる。そのため、夏の日の盛りには葉を上へ立てて閉じてしまう。一方、夜になると、葉から水分が逃げ出すのを防ぐために、逆に葉を垂らして閉じる。

クズは、葉を自在に動かすことができ、葉の角度を動かしながら、効率よく日光を葉に受け、炎天には葉を閉じてしまう。

別名は「うらみ草」

昼寝をしているときは、葉の裏側が見えるため、別名は「うらみ草」。陰陽師の安倍晴明の母親は葛葉という白狐。正体がばれて森に帰るときに晴明に残した歌が、「恋しくば尋ねきてみよ 和泉なる 信太の森の うらみ葛の葉」。「うらみ」が「恨み」と「裏見」。

葛根湯の材料

大きく肥大した根が葛粉の材料となる。クズの名は、古代、大和の国の国栖《くず》が葛粉の産地だったことに由来。風邪薬の葛根湯も、葛の根から作られる。もっとも、最近では葛粉はジャガイモやサツマイモ、トウモロコシなどのでんぷんを原料とするものがほとんど。

花はブドウの香り

クズは秋の七草の一つ。花はワインの香りがすると言われるが、どちらかというとグレープの炭酸飲料の香り。

原産地では背高ではない

キク科

セイタカアワダチソウ

Solidago canadensis

見つけやすさ：★★☆
花の美しさ：★★★
しつこさ：★★☆

■漢字名：背高泡立草
■別名：セイタカアキノキリンソウ
■多年草
■英名：Canada goldenrod、
tall goldenrod
■花期：秋
■生息地：線路際、空き地、
河原
■原産地：北アメリカ
■大きさ：高さ２～３m程度
■分布：日本全土
■花言葉：元気、生命力

ワースト100

北アメリカ原産の外来植物で、戦後になって急激に広がった。繁殖力が旺盛で、侵略的外来生物ワースト100に挙げられ、要注意外来生物にも指定されている。

ビールのように泡立つ

セイタカアワダチソウは、一株で四万粒もの種子を生産する。「泡立草」の名の由来は、泡が立つように白い綿毛を飛ばすことから名付けられた。

花粉症の原因は濡れ衣だ！

一時期、花粉症の原因植物の一つとされたこともあったが、風で花粉を運ぶ風媒花ではなく、昆虫が花粉を運ぶ虫媒花なので、花粉を風にばらまくことはない。真犯人は、同じ時期に花粉を飛ばすイネ科の植物やブタクサ（98ページ）だった。

自家中毒

根から毒性のある物質を分泌し、他の植物の発芽を妨害するため、周辺の植物を駆逐して大群落を作る。ところが、最近では、その勢いは衰えている。これは、DMEによる「自家中毒」であると考えられている。

ネブラスカ州の州花

原産地のアメリカでは、日本のように背が高くなることはない。可憐で美しい花はネブラスカ州の州花とされている。

月見の主役は幽霊の正体

イネ科

ススキ

Miscanthus sinensis

見つけやすさ：★★☆
花の美しさ：★★☆
しつこさ：★☆☆

■漢字名：薄
■別名：尾花、萱
■多年草
■英名：Japanese pampas grass、
Japanese silver grass
■花期：夏～秋
■生息地：線路際、空き地、土手
■原産地：日本在来
■大きさ：高さ１～２m程度
■分布：日本全土
■花言葉：活力、勢力、心が通じる、
隠退、悔いのない青春、
なびく心、生命力、憂い

葉が切れやすい理由

ススキの葉に触ると肌を切ってしまうので注意が必要。これは、葉の縁にガラス質のトゲがのこぎりの葉のように並んでいるため。

「幽霊の正体見たり枯尾花」という諺がある。「尾花」は、穂が動物の尾に見られることから名付けられたススキの別名。ススキの植物体はケイ酸を多く含み、固くて耐久力があるため、枯れても立ち尽くしている。

穂が閉じたり開いたり

ススキの穂は、花が集まってできたもの。つぼみのときには穂はそろうが、花が咲くと花粉を風に飛ばすために穂が四方に広がる。やがて花が終わると、種子が熟すまでのあいだは、強風で穂が傷まないように、穂は再び閉じる。そして種子が熟すと、ススキは穂を四方に広げる。こうして、ススキは風に乗せて種子を散布するのである。

月見で飾る理由

ススキの名は「すくすく育つ木」に由来するという説がある。月見に飾るのは、イネの穂に見立てて豊作を祈るため。

北米へ侵略

北米原産のセイタカアワダチソウが日本で広がって問題になっているのと逆に、北米では日本から侵入したススキが外来雑草として問題になっている。

謎の多い妖艶な花

ヒガンバナ科

ヒガンバナ

Lycoris radiata

見つけやすさ：★☆☆
花の美しさ：★★★
しつこさ：★☆☆

■漢字名：彼岸花
■別名：葉見ず花見ず、曼珠沙華、死人花、幽霊花、地獄花、捨て子花、剃刀花、狐花、天蓋花
■多年草
■英名：red spider lily、spider lily
■花期：秋
■生息地：線路際、土手
■原産地：日本在来（中国原産）
■大きさ：高さ30～60cm程度
■分布：日本全土
■花言葉：悲しい思い出、情熱、独立、再会、あきらめ

温度の変化で季節を知る

その名のとおり秋の彼岸の頃に咲く。不思議なことに土の中の花芽は、温度の変化だけを感じて季節を知る。

ヒガンバナの別名は「曼珠沙華」。これはサンスクリット語で紅い花を意味する。曼珠沙華はおめでたい兆しとして天から降ってくるとされる四華の一つとされている。

葉っぱのない花

「葉見ず花見ず」という変わった別名もある。ヒガンバナの花には葉がない。花と葉の時期がずれることから、花は葉を見ることがなく、葉は花を見ることがないと言われている。韓国では「花は葉を思い、葉は花を思う」という意味で「サンチョ（相思華）」と呼ばれている。

不吉な別名

死人花、幽霊花、捨て子花など不吉な別名が多くある。また、「曼珠沙華を採ると家が火事になる」という言い伝えもある。

大切な飢饉食

ヒガンバナの球根には毒があるが、水に晒すと毒を抜いて食べることができる。ヒガンバナは種子をつけないが、古い時代に飢饉のときの食糧にするために各地に植えられたと考えられている。不吉な名前は大切な救荒食を子どもから守るための方便だったのかもしれない。

column

雑草の雑学 01

雑草は弱い？

「雑草のように強く生きろ」とよくいわれる。しかし、植物学では、雑草はけっして強い存在とはされていない。むしろ「弱い植物である」とされている。

自然界は、競争社会である。強い者が生き残り、弱い者は滅び去っていく。じつは雑草は他の植物との競争に弱い。そのため、雑草は強い植物が生えることのできないような場所を選んで生える。そこが、草取りがされる畑や、よく踏まれる道ばたなど過酷な環境なのである。

恵まれた環境では強い植物が有利である。しかし、逆境の条件では、強い植物が勝つとは限らない。

スポーツでは、最適な条件では実力どおりに強いチームが勝つ。しかし、大雨の中の試合では大番狂わせが起こりやすい。しかも弱小チームがいつも泥まみれの環境で練習をしていたとしたらどうだろう。弱いチームにも勝つ可能性が出てくるのではないだろうか。

雑草もまさに同じである。

「逆境を味方につける」。これこそが、弱い植物である雑草の成功戦略なのである。

column

雑草の雑学02

雑草は人間が作った？

人間は野生の植物を改良して多くの作物や野菜など栽培植物を作り出してきた。

ところが勝手に生えているように見える雑草も、人間が作り出した植物であるとされている。雑草は弱い植物なので、強い植物が生えることのできないような不安定な環境でしか生存できない。

雑草と呼ばれる植物の祖先は氷河期の終わり頃に出現したと考えられている。気候変動が起こり、環境が不安定になると、洪水が頻繁に起こる河原や土砂崩れ後の山の斜面など、他の植物が生えにくい場所が彼らの生息地となった。

ところが、人類が出現して状況は一変した。森が拓かれ、村ができると、次々と不安定な環境が作られたのである。

新石器時代の遺跡からは、すでに雑草の種子が発掘されている。人間が農業を行ない、栽培作物を改良する一方で、雑草は田んぼや畑など人間が作り出す環境に適応し、進化を遂げていったのである。今や雑草は、人間なしには生きられない存在である。

はからずも人類の歴史とともに繁栄を遂げた植物、それが雑草なのである。

column

雑草の雑学03

雑草とは何か？（1）

よく「雑草の定義は何か？」と聞かれる。これはなかなか難しい。

道ばたのアスファルトのすきまに勝手に生えてきたダイコンは「ど根性大根」と呼ばれる。このダイコンは、雑草だろうか、それとも野菜なのだろうか。

道ばたに生えているのだから雑草だ、と言う人もいるだろうし、ダイコンはどこに生えても野菜だと言う人もいるだろう。

じつは、「雑草」というのは植物学的な分類ではない。雑草は「望まれないところに生える植物である」と定義されている。そのため、同じ植物でも見方によって変わるのである。

たとえば、ヨモギは畑の雑草だが、野菜として草餅の材料になったり、お灸として薬草にもなる。このように望まれた存在であると雑草とは言い難い。雑草は、私たちが邪魔者扱いしたときに、はじめて雑草になるのである。

もっとも、ダイコンが雑草になることは稀なので、実際には、雑草になりやすい性質を持つ植物が植物学では雑草として扱われている。

column

雑草の雑学04

雑草とは何か？（2）

雑草は「望まれないところに生える植物である」と定義されている。つまりは「邪魔者」である。

しかし、アメリカの哲学者エマーソンは、雑草を次のように評した。

「雑草とは、いまだその価値を見出されていない植物である」

すべての植物は価値のある存在である。しかし、役に立たない邪魔者と烙印を押されて、雑草ははじめて「雑草」となる。道ばたに生える名もない草を「役に立たない邪魔者」と考えれば、それはただの雑草に過ぎない。もちろん、雑草だけでなく、すべてのものに価値があるとエマーソンは説く。

牧野富太郎は、『雑草の研究とその利用』という著書の中でじつに百数十種の雑草の利用を紹介した。雑草扱いされている植物も、さまざまな利用法があるのである。

もし、あなたがその小さい花の美しさに気がつき、そっと一輪ざしにしたとしたなら、その野の花は、もはや雑草ではないだろう。雑草かどうかを決めるのは、私たちの心なのである。

雑草の雑学 05

理想的な雑草

column

どんな植物でも雑草になれるわけではない。雑草として成功するためには、いくつかの特性が必要である。

雑草学者ベーカーは、「理想的な雑草の特徴」として、十二項目をまとめた。逆境を生きる雑草の条件は、どこか人間の成功要因にも似ているようにも思える。

「①種子の発芽に必要な条件が複雑である」「②発芽がバラバラで、種子の寿命が長い」「③成長が早く、速やかに花を咲かせる」「④生育可能な限り、長期にわたって種子生産する」「⑤自分だけで種子を残す方法を持っている」「⑥特定の昆虫に頼らず花粉を運ぶ」「⑦条件が良いときには種子を多産する」「⑧条件が悪いときにも、いくらかの種子を生産することができる」「⑨種子を遠くへ運ぶ仕組みを持つ」「⑩切断されても、強勢な繁殖力と再生力で増えることができる」「⑪人間が耕すところより深いところから芽を出すことができる」「⑫競争を有利にするための工夫がある」

このようにさまざまな能力を持った植物だけが「雑草」の称号を手に入れることができるのである。

column

雑草の雑学06

「雑草」という称号

「雑草魂」や「雑草軍団」という言葉がある。困難を乗り越えて栄光を手にした無名の努力家は、ときに「雑草」にたとえられる。

しかし、「雑草」をほめ言葉として使うのは、私が知る限りでは、日本人くらいのものである。手を掛けて育てられたはずの「温室育ち」と言われるよりは、「雑草」にたとえられる方が日本人は喜ぶのではないだろうか。

英語で雑草は「ウィード」というが、ウィードには良い意味はまったくない。ウィードが人間にたとえられるとき、それは「やっかいもの」とか「嫌われ者」という意味である。もちろん、日本でも雑草は、やっかいなものである。しかし、日本人は、雑草をやっかいな嫌われ者とする一方で、愛着を持って憧れの念を抱いてきた。日本は雑草に良いイメージを持つ、世界でも稀な国である。

あいまいではっきりしない国民性と揶揄されるが、日本人は、物事の良い面と悪い面を捉えることができる。そして日本は、雑草の強さに学ぶことができる国なのである。

column

雑草の雑学07

献上された雑草

高温多湿な日本は、雑草の成長が早い。草取りをしたと思っても、すぐにまた雑草が生えてくる。

しかし、昔の日本人は、そんな雑草を資源として活用してきた。

昔の農家の人たちは、何度も何度も田んぼの中を歩き回り、田んぼの雑草を取る「田の草取り」を行なった。田の草取りでは、大きな雑草は抜き取ったが、小さな雑草は田んぼの泥の中に埋め込んでいった。こうすることで、田んぼの雑草をイネの肥料にしていたのである。

畦や土手に生える雑草も、田んぼや畑の肥料とした。また、ススキやチガヤなどの雑草は屋根の材料にしたり、牛や馬の餌として利用した。雑草は利用価値が高かったのである。今でも利権を奪い合う場所を「草刈り場」というが、人々は競い合って草刈りをした。刈られた草は将軍家に献上されるほど価値のあるものだったという。また、小さな雑草も食用にしたり、薬用にして利用した。

やっかいな敵は味方につければこんなに心強いものはない。こうして日本人は巧みに雑草さえ利用していたのである。

column

雑草の雑学08

雑草を供養する

針供養や筆供養など、日本にはお世話になった道具を供養する行事がある。

それればかりか、かつては、農作物に害をもたらす害虫さえも、供養をしていた。それが、駆除した害虫をていねいに供養する「虫供養」と呼ばれる風習である。

そして、雑草もまた供養されていた。

山形県米沢市を中心とした東北地域では「草木塔」なるものが存在する。草木塔とは、自分たちが命を奪った草や木などの植物に感謝し、供養するための塔である。そして、恵みをもたらしてくれる農作物ばかりでなく、草取りをして抜き取った雑草の命にもまなざしを向けていたのである。

仏教では殺生を禁じ、肉食を禁止したが、日本ではさらに「草木国土悉皆成仏」という思想が広まった。これは、「草や木はもちろん、土や水さえも私たちと同じように、仏性があり、成仏する存在である」というものである。昔の人々は、自然の中にあるすべてのものに、自分たちと同じ命を感じていた。そして、雑草を含めた植物を供養し、草木塔を建てたのである。

column

雑草の雑学09

作物になった雑草

「世話をしている作物が日照りで枯れていくのに、どうして道ばたの雑草はあんなに青々としているのか」。

江戸時代の書物にこんな恨み節が記されている。雑草は、あまり世話をしなくても丈夫に育っていく。作物よりも雑草の方が強いのであれば、雑草の方を栽培すれば良いのではないだろうか。じつは雑草を改良して作物になったものもある。

カラスムギはもともとヨーロッパの麦畑の困り者の雑草だった。しかし、カラスムギは麦よりも環境に強く、栽培しやすい。そのため、カラスムギを改良して作られたのが燕麦である。

また、ライ麦ももともとは、麦畑の雑草を作物化したものである。

一方、逆に作物が逃げ出して雑草になる例は多い。セイタカアワダチソウ（214ページ）やヒメジョオン（42ページ）などは、もともと園芸用に導入されて雑草化したものである。

また、最近では栽培していないイネが雑草化している例も見られる。同じイネであるため、除草剤も効かずやっかいな雑草である。

column

雑草の雑学10

雑草が絶滅する？

抜いても抜いてもなくならない雑草。しかし、雑草を根絶させることは難しい。中には絶滅が心配されるほど数を減らしている雑草もある。

葵の葉っぱに似ていることから名付けられたミズアオイや四つ葉が漢字の「田」の字に見えることから名付けられたデンジソウは、かつてはやっかいな田んぼの雑草として問題となっていた。しかしこれらの雑草は最近では、絶滅の恐れがある植物種のリストに記載され、保護の対象となっている。このような絶滅危惧雑草は少なくない。

雑草は人間の暮らしに適応して、進化を遂げてきた植物である。そのため最近では人間社会の変化が激しすぎて、雑草が適応しきれない例が見られるのである。

雑草は困り者だから絶滅したほうがいい、という考えももちろんあるだろう。しかし、雑草は人間と生活場所を同じくする身近な植物である。雑草さえ生きていけないほど私たちの暮らしが急激に変化しているということは、何かを警告しているのかもしれない。

column

雑草の雑学11

雑草を育てるのは難しい

放っておいても生い茂る雑草。しかし、いざ雑草を育てようと思うと、なかなか難しいからおもしろいものである。

何しろ種を播いてもなかなか芽を出さない。芽を出したと思っても、芽生えの大きさはバラバラでなかなかそろわない。

野菜や花は種を播いて水をまけばそろって芽を出す。そのため、芽を出させるタイミングを人間が決めることができる。

しかし、雑草は芽を出すタイミングを自分で計っている。そのため、人間の思い通りには芽を出さないのである。そのうちに、播いた種とは違う種類の雑草が生えてきて、草取りをする羽目になったりする。

すぐに芽を出さない戦略が「休眠」と呼ばれるものである。「休眠会社」や「休眠口座」など、人間社会では良いイメージがないが、雑草にとって休眠は重要である。発芽のタイミングを間違えば、すぐに死滅してしまうからである。

土の中には、こうして発芽の機会をうかがう無数の種子が眠っている。これは種子の銀行という意味で「シードバンク」と呼ばれている。

column

雑草の雑学 12

草むしりをすると草が増える

庭の草むしりは本当に大変である。きれいに草むしりをしたと思っても、一週間もすると、また雑草が生えてきてしまうから本当に憎らしい。

ところが、これには理由がある。じつは、私たちが草むしりをしたことが、雑草の発芽を引き起こしているのである。

雑草の種子は土の中で発芽の機会をうかがっている。その発芽のきっかけとなる要因の一つが「光」なのである。

植物の種子は土の中にあるから、光がきっかけになるというのは、意外な感じがするかもしれない。しかし雑草の種子は、光が当たると発芽する「光発芽性」を持っているものが多い。

種子に光が当たるということは、まわりにライバルとなる植物がなくなったことを表している。そのため、光が差し込むのを合図に、眠っていた種子たちは一斉に芽を出すのである。

草むしりをすると、他の植物がなくなり地面に光が届くようになる。これこそが、雑草にとって待ちわびた発芽のタイミングなのである。

column

雑草の雑学13

冬がなければ春は来ない

雑草が芽を出す条件はいくつかあるが、その一つに「冬の寒さ」がある。

雑草種子の中には寒さを経験しないと芽を出さない仕組みになっているものが多い。

秋に地面に落ちた種子は、じっと春になるのを待っている。しかし、もし小春日和のたまたま暖かい日に芽を出してしまうと、雑草はやがて来る冬の寒さでみんな枯れてしまうことになる。そのため、冬の寒さを経験した後でないと、暖かさを感じないようになっているのである。

見せかけの暖かさは、やがて訪れる冬の寒さの前触れに過ぎない。長く寒い冬の後にだけ本当の春がやってくる。だから種子は見せかけの暖かさにぬか喜びすることなく、じっと冬の寒さを感じているのである。

冬の寒さを経験しないと発芽しない性質は「低温要求性」と呼ばれている。冬の寒さに耐えているのではなく、冬の寒さを求めているのである。

雑草の種子は「冬がなければ春は来ない」ということを知っているのである。

column

雑草の雑学14

ロゼットの生き方

　木枯らしが吹く寒い日に、雑草を眺めてみると、雑草は葉っぱを放射状に広げて、地面にぴったりと張り付いている。

　この形は、上から見るとロゼットと呼ばれるドレスにつけるバラの花の形の胸飾りに良く似ているため、「ロゼット」と呼ばれている。

　ロゼットは、地面に張り付いて寒風を避けながら、いっぱいに光を浴びることができる機能的な形である。そのため、さまざまな種類の雑草が、冬の間は、よく似たロゼットで冬越しをしている。

　しかし、ロゼットは冬の寒さに耐えるためだけのものではない。実際には、寒い冬は土の中で、種子で過ごす方が安全である。しかも、土の中の種子が春になって芽を出し始める頃、ロゼットの雑草は冬の間、光合成をして貯めた栄養分で、他の植物に先駆けて、花を咲かせることができる。ロゼットを作る植物にとっては、冬は耐える季節ではない。冬があるからこそ成功できるのである。

　いち早く咲いて、私たちに春の訪れを感じさせてくれる雑草は、必ず冬の間も葉を広げていたものばかりなのである。

column

雑草の雑学15

パイオニアの美学

埋立地や新たに開発されるような場所に、真っ先に生える植物は、パイオニア植物（先駆種）と呼ばれている。雑草の多くは、このパイオニア植物としての特徴を備えている。

人間の世界でもそうだが、ゼロから最初に事を起こすことはたやすいことではない。植物も同じである。新しい土地は、水や養分も少なく、土は固い。しかし、パイオニア植物が根を張ることによって、土は細かく、やわらかくなり、保水性や通気性が改善されていく。また、枯死した茎や葉が分解されて有機物となり、土が豊かになっていく。

しかし、不毛の土地を開拓したパイオニアたちは、そこにとどまることはできない。空き地などを定点観察していると気がつくが、優占する雑草は毎年、変化してくる。豊かになった土地には、次々と力のある植物が侵入して、先駆者たちは追い出されてしまうのである。

しかしパイオニア植物は、それまでの土地には未練を残さず、新たな未開の地を求めて種子を飛ばす。これがパイオニアたる雑草の宿命なのである。

column

雑草の雑学16

雑草をなくす方法

「雑草をなくす方法はありますか?」とよく聞かれる。

雑草防除の方法はいくつもあるが、完全に駆除しようとすると、これがなかなか難しい。しかし、植物学者の間では、たった一つだけ「雑草をなくす方法」があると言われている。意外なことに、それは「草取りをやめること」である。

すでに紹介したように、雑草は弱い植物である。草取りをするということは、雑草も取り除くが、強い植物が繁茂しない環境を作ることになる。そのため、雑草にとって、棲みやすい環境を作ってしまうことになる。そして、次々に新たな雑草が生えてくるのである。

それでは、草取りをやめればどうなるか。次々に競争に強い植物が生えてきて、雑草を圧倒していく。そしてついには雑草を駆逐していくのである。

しかし、雑草はなくなっても、そのときには雑草よりもやっかいな大きな植物がうっそうと生い茂り、藪になってしまうから、畑や庭の管理方法としては、現実的ではないのが残念なところだ。

column

雑草の雑学17

踏まれたら立ち上がらない

「踏まれても踏まれても立ち上がる」。これが雑草に対する一般的なイメージではないだろうか。

ところが、残念なことに、実際には雑草は踏まれると立ち上がらない。もちろん、一度や二度踏まれたくらいであれば立ち上がるが、何度も踏まれるうちに立ち上がらなくなってしまうのである。

何とも情けなく思えるが、これこそが雑草の強さである。

踏まれても立ち上がらなければならないというのは、人間の勝手な思い込みに過ぎない。そもそも、どうして立ち上がらなければならないのだろう。

雑草にとって、もっとも大切なことは、花を咲かせて、種子を残すことである。それならば、踏まれても踏まれても立ち上がり無駄なエネルギーを消耗するよりも、踏まれながら花を咲かせることを考えた方がいい。中には踏みつけた靴の裏に種子をくっつけて、分布を広げるちゃっかり者もいる。こうして、踏まれることを逆手にとって成功する道もあるのだ。

下手な根性論を振りかざすより、雑草はずっとしたたかなのである。

雑草の雑学18

外国からやってくる雑草

column

「雑草は何種類くらいあるんですか？」と聞かれることがある。

これは意外に難しい質問である。一般に雑草と呼ばれる植物は450種程度とされる。しかし、現在では外国から次々に新たな雑草が侵入している。そのため、日本で見られる雑草の数は、年々増えているのである。

人に寄り添いながら暮らしている雑草は、人の移動に伴って移動する。

古い時代に大陸から日本に入ってきた外来雑草は、史前帰化植物と呼ばれ、一般には在来植物として扱われる。その後、大陸との交流によって日本に持ち込まれた植物は旧帰化植物と呼ばれる。

一方、江戸時代後期から明治以降になると、外国との交流が盛んになり、さまざまな外来種が持ち込まれるようになった。新帰化植物と呼ばれるこれらの植物の中には、現在、私たちの身の回りに普通に見られる雑草が多い。そして戦後になって国際的な物流が盛んになると、世界中からやってきた帰化植物が、一気に数を増やすようになったのである。

column

雑草の雑学19

除草剤もへっちゃら

草むしりや草刈りなど、雑草を退治する方法はいくつかあるが、もっとも便利なのは除草剤だろう。

しつこかった雑草も、除草剤をまけばたちどころに枯れていく。雑草に苦しむ農業にとっては、除草剤は革命的な発明だった。それまで、地面に這いつくばって何度も草取りをしなければならなかった。ところが除草剤によって、この厳しい労働をしなくてすむようになったのである。当時の人たちにとって、除草剤の登場は、まさに未来の世界のドラえもんのひみつ道具ぐらいの衝撃だったに違いない。

しかし、現代では除草剤を使い続けたことによって一部で問題も起こっている。それが除草剤抵抗性雑草の出現である。

農薬に対する抵抗性は、害虫では広く見られる現象であるが、昆虫ほど世代更新が早くない植物では発達しにくいと考えられていた。しかし便利な除草剤に頼りすぎて同じ除草剤ばかりを使い続けるうちに、雑草も対抗手段を講じ、抵抗性が出現するようになったのである。

雑草の雑学20

多様性という価値

column

「善は急げ」という諺がある。一方、「急いては事を仕損じる」ともいう。果たして、どちらが正しいのだろうか。

雑草にとって、その答えは明白である。それは、どちらが正しいかは状況によって変わる、ということである。雑草が暮らしている環境は何が起こるかわからない予測不能な環境である。どちらが正解か悩むよりも、両方準備しておいた方が良い。そこで、雑草は次世代の種子につにばらばらな特性を持たせる。雑草にとっては、この「多様性」がじつに大切なのである。

早く芽を出すものもあれば、ゆっくり芽を出すものもある。乾燥に強いものもあれば、寒さに強いものもある。こうしてさまざまな個性の種子を作ることによって、雑草はどんな環境にも対応して生き残りを図るのである。

いかに自分が優れた成功者であったとしても、状況の異なる次の世代では、同じ方法で成功するとは限らない。一つの回答を求めるよりも、常に多様性を維持することが大切であることを雑草は知っているのである。

あとがき

私は大学院で雑草学を学んだ。

雑草を勉強していて良かったことの一つは、簡単に時間をつぶせるということである。

待ち合わせ場所で待ちぼうけを食わされてしまったとき、バスに乗り遅れて次のバスを待たなければならなくなったとき、あたりを見回してみると、だいたい雑草が生えている。そんな雑草を探していると、すぐに時間が経っていくのだ。たまに雑草を見ているうちに、次のバスが行ってしまうこともあるが、それはご愛嬌というものだろう。

都会には雑草がないと言う人もいるが、一見すると雑草がなさそうに見える都会の中で雑草を探す方がじつは面白い。

東京でサラリーマンをしていた頃、天気が良い昼休みには、都心にある日比谷公園を散歩した。公園に生える雑草を見ながら歩くのである。きれいに管理されている都会の公園でも、よく見て歩けば、そこかしこに雑草が見つかる。

雑草を見て歩くと言うと、ずいぶん変わっていると思うかもしれないが、ぶらぶら歩きの目的としてはちょうどいい。大して頭を使うわけでもないから、ぼんやり考え事をすることもできる。体も大して疲れるわけでもない。お金は一銭も掛からないし、ときには十円玉くらいが落ちていることもある。雑草を眺めながらの道草歩きは、昼休みのリフレッシュには良い時間つぶしだったのだ。

以来、私は「みちくさ研究家」を自称している。

雑草を見ながら、うつむいて歩くことの多い私だが、あるとき、雑草は私の方を見ていないことに気がついた。雑草はどこを見ているのだろう。

雑草はどれも上を見ている。

降り注ぐ太陽、流れる白い雲、どこまでも深く青い空。これが雑草の見ている風景である。うつむいている雑草はないのだ。

私も真似をして、空を仰いでみた。何となく体の底から力がが湧いてくるような気がする。もしかすると、これが雑草たちが日々感じている「生きる力」というものなのかもしれない。

私たち人間は横を見て暮らしているから、いろいろと余計なものが目に入る。その上、人間は頭が良いから、いろいろと余計なことを考えて、ときに悩み、落ち込み、間違うこともある。

しかし、たまには公園のベンチに腰を掛けて、雑草を気取って空を眺めてみるのも悪くはないだろう。

そんなときにポケットに入れておいてほしい。そんな思いで作ったのが、この雑草手帳である。

本書で紹介した100種類の雑草は、東京のような都会でも比較的見ることができ、広い範囲で見られるものばかりである。実際に、東京書籍の岡本知之さん、出版エージェントの野口英明さん、カメラマンの末松正義さんとともに、東京書籍本社ビルの周辺の雑草を探し回って撮影したものである。記して謝意を表したい。なお、花期でなかった雑草などについては一部、お借りした写真もあることを付記しておく。

索引

【ハ行】

【マ行】

【ヤ行】

【ワ行】

【参考文献】

『野に咲く花』門田裕一監修、畔上能力編集、平野隆久写真（山と渓谷社）
『身近な雑草のふしぎ』森昭彦著（サイエンス・アイ新書）
『たのしい自然観察 雑草博士入門』岩瀬徹・川名興著（全国農村教育協会）
『ミニ雑草図鑑―雑草の見分けかた』広田伸七編著（全国農村教育協会）
『身近な草花「雑草」のヒミツ　知恵としくみで生き残る驚きの強さ』保谷彰彦著、子供の科学編集部編（誠文堂新光社）
『牧草・毒草・雑草図鑑』清水矩宏・宮崎茂・森田弘彦・広田伸七編著（畜産技術協会）
『日本帰化植物写真図鑑』清水矩宏・森田弘彦・広田伸七編著（全国農村教育協会）
『身近な雑草の愉快な生きかた』稲垣栄洋著、三上修画（ちくま文庫）
『雑草は踏まれても諦めない』稲垣栄洋著（中公新書ラクレ）
『都会の雑草、発見と楽しみ方』稲垣栄洋著（朝日新書）
『雑草に学ぶ「ルデラル」な生き方』稲垣栄洋著（亜紀書房）

稲垣栄洋（いながき ひでひろ）

1968年静岡市生まれ。岡山大学大学院修了。専門は雑草生態学。農学博士。自称、みちくさ研究家。農林水産省、静岡県農林技術研究所等を経て、現在、静岡大学大学院教授。著書は『身近な雑草の愉快な生きかた』（ちくま文庫）、『都会の雑草、発見と楽しみ方』（朝日新書）、『雑草は踏まれても諦めない』（中公新書ラクレ）、『雑草に学ぶ「ルデラル」な生き方』（亜紀書房）など50冊以上。

編集　岡本知之（東京書籍）
編集協力　野口英明
標本写真撮影　末松正義
装幀　長谷川理（phontage guild）
本文デザイン・組版　株式会社明昌堂

散歩《さんぽ》が楽《たの》しくなる雑草手帳《ざっそうてちょう》

2014年 7月31日　第1刷発行
2021年10月18日　第17刷発行

著　　者　稲垣栄洋《いながきひでひろ》
発 行 者　千石雅仁
発 行 所　東京書籍株式会社
東京都北区堀船2-17-1　〒114-8524
電　　話　03-5390-7531（営業）、03-5390-7515（編集）
印刷・製本　図書印刷株式会社

ISBN978-4-487-80821-2　C0045

東京書籍ホームページ https://www.tokyo-shoseki.co.jp